蒲公英 **科学新知** 系列

看，那些可怕的发明

Kan, naxie
kepa de
Faming

米家文化 编绘

浙江教育出版社·杭州

在孩子们的眼中，世界的一切都是新奇的：每一片树叶的背后、每一块石头的下面、每一朵白云的上面，似乎都隐藏着许多神奇的秘密——

"世界上到底有多少种动物？"

"宇宙到底有没有尽头？"

"人类可以建造像珠穆朗玛峰一样高的楼房吗？"

"如何发明一辆会飞的汽车？这样真的就不会堵车了吗？"

"机器人真的会统治人类吗？"

……

亲爱的爸爸妈妈，当你们被孩子问得团团转的时候，千万别不耐烦。要知道孩子们打破砂锅问到底的精神，是多么的可贵：当一个人不再对这个世界拥有好奇心的时候，

并不意味着他长大了，而只能说明他的心在缓缓地变老，他的精神在慢慢地枯萎。这该是一件多么可怕的事情啊！

当你打开这套书的时候，别怪我没有提醒你——那美得像画一样的自然杰作，那蕴含着无数宝藏的神秘海洋，那看似高深莫测的奇特动物，那常人不可企及的极端纪录，那灵感突现的奇妙发明，那永记人心间的伟大瞬间……这个世界每天都在上演奇迹与创造新的历史，这一切无不让你目瞪口呆、啧啧称奇。

日新月异的科学技术将带领孩子们更好地认识世界，增强他们探索未知领域的信心与勇气。来吧，所有好奇心十足的孩子们，让我们从这里起程，踏上奇妙无比的求知之旅！

目录 CONTENTS

1

一起勇攀科学高峰！

快让你的大脑

动起来吧！

今天你看了吗？

汉字：
能够表情达意的积木

　　小时候学写字，老师最先教我们点横竖撇捺，继而是提折弯钩……我们的汉字就是由这些笔画有序地组合而成的，像不像我们小时候玩的积木呢？

　　在汉字还没有发明的古代，有人想出了结绳记事的方法，比如打猎归来，有几只猎物就用绳子打几个结。可记号太多，容易忘事。后来，就有人想到用图形表达意思：画一个圆圈代表"太阳"，画几根枝丫表示"树"，最早的象形文字就是这样产生的。

　　随着人类社会的发展，需要文字记载的东西越来越多，这些简单的图形符号渐渐无法满足人们的需要了。于是人们就想办法把一些象形字组合起来，形成一个新的文字。比如把"人"和"木"组合起来，就成了"休"字，意思是一个人靠在树上休息，很形象吧？就这样，形成了汉字的一个新类型——会意字。

到了春秋战国时期，中国大地上出现了许多诸侯国，它们使用的文字各不相同，这给文化交流带来了困难。秦始皇统一六国后，为了让天下人都能够明白无误地读懂自己的旨意，下令全国统一使用一种文字——小篆。这个霸气的决定推动了全国的文化交流。

如今，汉字已经登上了世界舞台，并且产生了不容小觑的影响力！在韩国，汉字课已成为小学生的准必修科目，初中生和高中生必须掌握1800个汉字；在日本，有专门的汉字能力检测协会，同时，越来越多的高中和大学把汉字水平纳入考核范围；在越南，汉语成为仅次于英语的热门外语，报考大学中文系的考生更是年年爆满；在欧美很多国家，也掀起了学习汉语的热潮。

"曌"是什么字

中国历史上唯一的女皇武则天登基后，想给自己取一个独特又响亮的名字。

可是，取什么名字才能让自己显得与众不同呢？如果用一些人们熟悉的汉字，肯定不够特别。于是武则天就造了一个从来没有的字——曌，它的读音和"照"字相同。

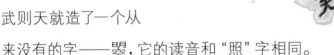

从这个字的字形结构中，我们就能看出它的意思：日月当空，光芒万丈。这也是武则天对自己的评价。

你是汉字小达人吗

2013年，中国中央电视台制作了一档热门节目《中国汉字听写大会》。这档节目关注青少年对汉字知识与文化传统的认知，体现汉字之美，反映了中国人对汉字的浓厚感情。节目播出后，在中国大地上掀起了一股写汉字、正确使用汉字的热潮。你在家里也可以试着做一个写好汉字、用好汉字的小达人。

仓颉造字的传说

传说很久以前，在黄帝的部落里，有一个名叫仓颉的史官。他发现古老的"结绳记事"已越来越无法满足部落发展的需要，便决心发明一种新的记事方法。

仓颉日思夜想，到处观察，看尽了天上星宿的分布情况、地上山川脉络的样子、鸟兽虫鱼的痕迹、草木器具的形状，描摹绘写，造出种种不同的符号，并且定下了每个符号所代表的意义。他按自己的心意用符号拼凑成几段"文章"，拿给人看，经他解说，大家倒也看得明白。这样一来，仓颉管理起部落事务就更加井井有条了。

黄帝知道后，大加赞赏，命令仓颉到各个部落去传授这种方法。渐渐地，这些符号的应用越来越广。就这样，古老的象形文字形成了。

2

今天你看了吗？

化学武器：
恐怖的无声杀手

　　化学武器是指那些利用具有毒性的化学物质造成敌人大量伤亡的武器，是在第一次世界大战期间逐渐发展起来的杀伤性武器。它通过爆炸的方式，用炸弹、炮弹或导弹来释放有毒化学物质。因为它能令人出现窒息、神经损伤、血液中毒和起水疱等症状并且杀伤力大，所以有"无声杀手"之称。

　　其实，化学武器用于战争已有很多年的历史，据记载，最早使用毒气的战争，可以追溯到公元前429年在雅典和斯巴达之间发生的伯罗奔尼撒战争。斯巴达军利用硫黄和松枝混合燃烧来制造毒烟，以此对雅典城内的守军进行攻击。稍晚的罗马波斯战争中，波斯军队曾直接往地道中灌这种毒烟，熏

死突袭的罗马士兵，这种毒烟就是最早的"窒息性毒剂"。

人类第一次大规模使用化学武器是在1915年4月22日第二次伊普尔战役中，德军用氯气攻击法国、加拿大和阿尔及利亚联军。之后双方相互使用新研发的毒气，以芥子气、光气、氯气为主，估计至少有5万吨毒气投入战争。

据统计，在第一次世界大战中，化学武器曾造成10多万人死亡，德国作家雷马克的小说《西线无战事》描绘了当时惨烈的场面。

越战期间，美军在丛林密布的越南受到伪装良好的越南游击队的大规模偷袭，加上越南游击队擅长使用隐蔽性极佳的地道与陷阱来牵制美军，致使美军死伤惨重。于是，美国方面下令使用飞机散播落叶剂，以强烈毒性让树木枯萎，试图让越南游击队失去丛林的掩护。

越战结束后，越南出现了数以千计的落叶剂受害者，其症状包括呼吸道与皮肤的病变以及胎儿畸形，而深受其害的越南民众至今还在寻求美国的赔偿。

恐怖的芥子气

1886年，德国人迈耶首次人工合成纯净的芥子气，但他并不会想到，这项发明将给世界造成巨大的伤害。1917年6月12日，正处于第一次世界大战后期，德军在比利时的伊普尔地区首次对

英军防线使用芥子气，造成2000多人伤亡。后来各国纷纷效仿，因芥子气受伤或死亡的人数增至130万人。据统计，在第一次世界大战中约有12万吨芥子气被消耗于战争用途，给世界带来了极大的危害。

最致命的化学武器

乙基毒气是当今世界毒性最强的神经毒剂，常温下无色无味，微量（30微克）便能致人死亡，因此具有极强的杀伤力。如今，在美国和俄罗斯的武器库中，仍然存放

着数量不少的乙基毒气，这些毒气若完全释放可致几百万人死亡。但相信随着国际《战争法》的不断修正完善，这种可怕的化学武器将不再出现！

沙林

沙林是一种军用化学毒剂，无色，纯品无味，稍含杂质的带有微弱的果香，普通民众很难识别，加上没有专门的防护用具，若在公共场合投放，容易造成大规模的伤亡。1995年3月20日清晨，日本某邪教组织部分信徒受指使，在东京市区3条地铁电车内施放沙林毒气，造成13人死亡、约6300人中毒。

3

今天你看了吗？

麻醉剂：
手术必不可少的前奏

麻醉剂是中国古代医学成就之一，如麻沸散就是世界上第一种发明和使用的麻醉剂，由东汉末年和三国时期杰出的医学家华佗所创造。只可惜麻沸散的配方早已失传。

近代最早发明全身麻醉剂的人是英国化学家汉弗莱·戴维。1799年的一天，戴维牙疼得厉害，当他走进一间充有一氧化二氮气体的房间时，忽然感觉牙齿不疼了。好奇心驱使戴维做了很多次试验，从而证明了一氧化二

氮具有麻醉作用。因为戴维闻到这种气体时会止不住大笑，所以称它为"笑气"。笑气可能是西医使用的最早的麻醉剂。

由于会使患者狂笑，而且使用时麻醉师也会受到不同程度的影响，所以笑气在麻醉史上仅仅是昙花一现。不过，即使是现代，当患者因故不能使用其他麻醉剂时，笑气仍然可以派上用场。

1844年，美国化学家考尔顿在研究了笑气对人体的催眠作用后，带着笑气到各地演讲，作催眠示范表演。他的一次表演引起了在场观看表演的牙科医生威尔士的重视，激发了威尔士对笑气可能具有麻醉作用的设想。威尔士进行了多次试验，但并未成功。后来威尔士的助手威廉·莫顿从化学家杰克逊那里得到启示，决定采用乙醚进行麻醉。1846年10月，威廉·莫顿成功地进行了近代史上第一例麻醉下的手术。1880年，威廉·梅斯文通过导管把氯仿气体直接输入病人的气管，成功进行了麻醉。

今天，乙醚和氯仿仍是全身麻醉最常用的麻醉剂。

发明人之争

牙科医生威尔士率先在医学领域使用笑气进行麻醉，而他的助手莫顿和化学家杰克逊率先使用乙醚进行麻醉。

当他们得知美国国会决定拨款奖励麻醉剂的发明人时，便争得不可开交，甚至闹到了法院。最后，威尔士因为精神崩溃自杀，莫顿在狂躁的状态下不幸摔死，而杰克逊则带着精神病离开了人世。

肉体的痛苦可以靠麻醉剂缓解，但过度地追逐名利却往往使人坠入欲望的深渊难以自拔。

华佗之死

擅长治疗疑难杂症的名医华佗，曾经受命为曹操诊病。

曹操头风病发作，疼痛难忍。华佗立即给曹操针灸，针拔疼止，特别有效。后来华佗对曹操说："你这个头风病的病根叫'风涎'，长在脑子里，只有先服用了麻沸散，然后用利斧劈开脑袋，取出'风涎'，才能彻底治好头风病。"

曹操一向疑心很重，一听华佗这个治疗方案，勃然大怒。他认为华佗故意设计了这样一种治病方案，想借开刀之机，杀死自己。盛怒之下的曹操立即把华佗投入狱中，最终杀害了这样一位不可多得的神医。

麻醉假死

据说在中国古代，麻醉汤剂的用量多少可以控制麻醉的深度和时间，服用过量往往会出现假死现象，这在历史上也曾为坏人所利用。

南宋周密在《癸辛杂识续集》中记载，很多贪官污吏在东窗事发时，为了躲避应有的惩罚，常常口服适量的麻醉汤剂假死，以蒙混过关，免受追究。

4 眼镜：让世界更清晰

如果要评选世界上100项最伟大的发明，它应该能够位列其中。它使得许许多多的视力缺陷者能够清楚地看见身边的一草一木、一虫一鸟，让一切摆脱迷雾的笼罩，变得清晰而自然。也许你已经猜到它是什么了，没错，它就是眼镜。

要说世界上第一副眼镜是谁发明的，已经无从考证，但人类早在千年以前就发现了一个神奇的现象：用透明水晶或宝石磨成的透镜具有放大影像的功能。而这种透镜也许就是最原始的眼镜吧！

13世纪中期，英国学者培根看到许多人因为视力不好而影响阅读，就想发明一种工具，帮助人们解决这个问题。一天清晨，培根在花园里散步，路过一片灌木丛时，看到一个结满水珠的晶莹剔透的蜘蛛网。透过这些水珠，他惊奇地发现，蜘蛛网后面的树叶一下被放大了很多，甚至连叶脉都看得清清楚楚。

这一发现让培根兴奋不已，他连忙跑回家，拿出一个玻璃球放在书上，透过球面，书上的文字果真被放大了，但

不足的是，看起来还是很模糊。于是，培根来到工作间，用金刚石切割出各种弧度的玻璃片，终于在其中发现了弧度堪称完美的玻璃片。为了避免用手拿玻璃片造成镜片污染或手被弄伤等不便，培根又将加工好的玻璃片嵌在挖了洞的木块上，并装上手柄，做成了一个放大镜，这大概可以算是欧洲最早的眼镜了。

这种镜片后来经过不断改进，就成了现在人们戴的眼镜。近视镜、老花镜等各种用途眼镜的出现，使得人们学习、工作更方便了。

在东方，眼镜也很早就悄然出现了。13世纪中后期，中国出现了眼镜，镜片大多为椭圆形，由水晶、石英、黄玉等磨制而成，镶嵌在龟壳做的镜框里。使用时，将铜制的眼镜脚卡在鬓角，或用细绳子拴在耳朵上。由于当时的眼镜造价不菲，通常被视为身份、地位的象征。到了清代嘉庆年间，眼镜在中国已经十分普及了。

把镜片藏起来

如今，和框架眼镜半分天下的还有隐形眼镜——镜片被神奇地装进了眼睛里。它比框架眼镜更方便，看起来更美观，真可以说是爱美人士的福音。但这种佩戴方式容易造成眼部感染，所以要慎重选择哦。

高科技眼镜

谷歌眼镜是谷歌公司于2012年研制的一款智能电子设备，这款眼镜具有网上冲浪、电话通信和读取文件等功能，可以代替智能手机和笔记本电脑的部分作用，让人们更方便地将高科技运用到生活的方方面面。

也许在不久的将来，这样的高科技眼镜就会像手机一样在全世界普及开来，成为人们生活中必不可少的配件。

改变"易碎体质"

虽然眼镜极大地方便了视力缺陷者的生活，但早期的眼镜都有一个无法克服的毛病，那就是玻璃镜片易碎。这也成了大多数眼镜佩戴者的烦恼。

随着眼镜的制作工艺不断进步，这一烦恼最终得以解决。

1937年，法国研制出了一种名为"亚克力"的塑料镜片，虽然不易破碎，但清晰度较差。

1954年，法国工程师从制作飞机座舱的材料中受到启发，发明了清晰度高又更为牢固的树脂镜片，从此，它一跃成为镜片王国的宠儿，一直沿用到今天。

5

今天你看了吗？

潜水艇：
深海里的沉默杀手

潜水艇的设计创意最早可追溯到15～16世纪，据说著名画家达·芬奇构思了一艘"可以水下航行的船"，但这一创意在当时并未得到认可，所以他一直没有画出设计图。

在欧洲，直至第一次世界大战前夕，潜水艇仍被当成"非绅士风度"的武器，其被俘艇员可能以海盗论处。

但战争是不讲任何情面和风度的，所以第一次世界大战一开始，潜水艇就被广泛用于海战。1914年9月22日，德国U-9号潜水艇在一个多小时内接连击沉三艘英国巡洋舰，而直至它浮出水面，英国人才知道敌人在哪儿。这次作战充分显示了潜水艇的威力。据统计，在第一

次世界大战期间，各国潜水艇共击沉192艘战斗舰艇。由于潜水艇的破坏力巨大，再加上悄无声息，不易被发觉，因此人们称其为"深海里的沉默杀手"。

潜水艇在第二次世界大战期间却暴露出一个很大的问题，那就是在水下持续航行的时间不够长，必须浮出水面充电，而在充电的过程中，潜水艇容易受到攻击。为了解决这一问题，人们又研制出了使用核动力装置、可以长时间续航的核潜艇。

行踪神秘、出奇制胜的核潜艇是当今世界最具战略威慑力的武器之一。世界上第一艘核潜艇是美国的"鹦鹉螺"号。"鹦鹉螺"号原是凡尔纳经典科幻小说《海底两万里》中一艘潜水船只的名字。"鹦鹉螺"号核潜艇于1954年1月24日首次试航。它配备6具533毫米鱼雷发射管，可携带18枚鱼雷；下潜深度为200米，潜航时最高航速达20节；可在最高航速下连续航行50天，全程3万千米而不需要添加任何燃料。它在当时被各国誉为"海底杀手之王"。

"库尔斯克"号事件

2000年8月12日，俄罗斯海军号称"世界吨位最大、武备最强"的巡航导弹核潜艇"库尔斯克"号在参加一次军事演习时，因鱼雷中的过氧化氢燃料发生爆炸而沉没，核潜艇上所载的118名海军官兵全部遇难，所幸的是该事件没有造成海洋核污染。

这起灾难的发生提醒人们，核潜艇虽然威力巨大，但其危险性和对环境的破坏力也相当惊人。希望战争的悲剧不要重演，和平才是这个世界向往的主旋律。

"长尾鲨"号事件

"长尾鲨"号核潜艇堪称美国海军核动力潜艇发展的里程碑，但它也不幸成为美国海军史上第一艘失事的核动力潜艇。

1963年4月10日，"长尾鲨"号开始大深度潜航试验，当潜到水下200米后，越往下潜，水面上收到的信号就

越模糊。

不久，"长尾鲨"号从水下报告："出现故障，艇首上翘，目前正向压载舱充……"话音显得十分惊慌，还没讲完便突然中断了，几分钟后，水下传来一声艇体破裂的声音，接着便鸦雀无声了，艇上129人无一生还。

同归于尽的潜艇战

战争史上第一艘成功炸沉敌舰的潜水艇，是美国南北战争期间的"汉利"号潜水艇。当时，潜水艇上有艇员8人，用手摇柄驱动，潜水艇前端外伸一个炸药包，碰触敌舰即会发生爆炸。

1864年2月17日晚上9时许，它成功炸沉北方联邦的"豪萨托尼克"号护卫舰，但是，它本身也因爆炸产生的巨大旋涡或其他不明原因而沉没，全艇无人生还。

6

今天你看了吗？

抽水马桶：
世界卫生水平的标尺

在英国女王伊丽莎白一世统治时期，英国有一位名叫约翰·哈林顿的教士。这位爱好文学的教士，却因传播一则在当时看来有伤风化的故事而被判处流放。

1584年至1591年间，哈林顿在他的流放地——英国凯尔斯顿盖了住房，在那里，他设计出了世界上第一只抽水马桶。哈林顿对这项发明颇为自豪，特地以《荷马史诗》中英雄埃杰克斯的名字为它命名。此后，哈林顿还写了《便壶的蜕变》一书，详细地阐述了抽水马桶的设计原理。不过，当时的英国公众并没有接受这项发明，他们还是喜欢使用便壶。

到了1775年，伦敦有个叫亚历山大·卡明斯的钟表匠

改进了哈林顿的设计，发明了一种阀门装置。他研制出的冲水型抽水马桶，首次获得了专利权。

1848年，英国议会通过了《公共卫生法令》，规定："凡新建房屋、住宅，必须辟有厕所、安装抽水马桶和存放垃圾的地方。"这就为抽水马桶技术的发展提供了条件。

不过，直到19世纪后期，欧洲的城镇都安装了自来水管道及相应的排污系统后，抽水马桶才开始普及。一直到19世纪60年代，伦敦完善了相应的排水设施，许多人才第一次享受到抽水马桶的好处。而这已经是哈林顿发明抽水马桶近300年后的事了。

1889年，英国水管工人托马斯·克拉普改进了当时抽水马桶的部件。改良后的抽水马桶采用储水箱和浮球，结构简单，使用方便。从此，抽水马桶的结构基本上固定了下来。

总而言之，英国人发明抽水马桶是对人类社会的一大贡献。因为在当今世界，抽水马桶已被公认为"卫生水平的标尺"。

最早的马桶

马桶的历史可以追溯到中国汉朝，当时的马桶叫虎子，是皇帝专用的，据说是玉制的。

相传西汉时"飞将军"李广射死卧虎后，让人铸了虎形的铜质溺具，表示对猛虎的蔑视，这就是"虎子"得名的由来。

后来到了唐朝，因为皇族中有个人叫李虎，为了避讳，就把"虎子"改名为"兽子"或者"马子"。再后来，则慢慢演化出了"马桶"这一称呼。

马桶将军

北洋军阀王怀庆，人称"马桶将军"。因为无论在什么地方，一个漆红烫金、上面写着斗大的"王"字的马桶总是不离他的左右。他的办公桌后面放的不是椅子，而是马桶，办公就在马桶上进行。

行军打仗时，得有一个班左右的人抬着马桶随行。只要看到那只硕大而鲜艳的马桶，人们就知道这是谁的队伍了。

打仗的时候，王怀庆的士兵在前面冲锋，他就坐在写有"王"字的马桶上督战，那情景真是令人啼笑皆非啊！

智能马桶

智能马桶起源于美国，曾经主要用于医疗和老年保健，最初仅设有温水洗净功能。后来，韩国、日本的卫浴公司不断创新，用先进技术对马桶进行改造，增加了坐圈加热、暖风干燥、杀菌等多种功能。

目前市场上的智能马桶大体上分为两种：一种为带清洗、加热、杀菌等功能的智能马桶；另一种为可自动更换坐圈薄膜的智能马桶。

智能马桶用水洗替代了卫生纸，引发了一场卫浴革命，是今后卫浴发展的趋势。

7

今天你看了吗？

照相机：
抓住美好的生活瞬间

拍照已成为人们生活中一件必不可少的趣事，它可以帮助人们留住那些美好的瞬间。拍照用的照相机是利用光学成像原理记录影像的设备。最早的照相机结构简单，包括暗箱、镜头和感光材料等，因此拍出来的相片清晰度很低。

1826年，法国印刷工人约瑟夫·尼埃普斯将涂有沥青的金属板放在暗箱里，镜头对着窗外，8小时后将金属板浸入熏衣草油中冲洗，终于得到了世界上第一张能永久保存的感光而成的照片。

1829年，擅长舞台设计和巨幅画绘制的法国建筑师达盖尔受到尼埃普斯的邀请，开始研究摄影术。达盖尔长期

致力于摄影方法更快捷、图像更精美、观看和保存更简易的摄影方法研究，经过8年的艰辛努力，终于在1837年创立了"达盖尔摄影法"。它有完整的"显影"与"定影"工艺，奠定了现代摄影的基础。

1991年，美国柯达公司试制成功世界上第一台数码相机。然而充满戏剧性的是，就是这项发明让有着130多年历史、曾经在胶卷领域称霸全球的柯达公司倒闭了！

"你只要按下快门，其他的交给我们。"这是名扬世界的柯达公司洋溢着自豪、充满了霸气的口号。早在1976年，柯达公司就研发了数码相机技术，并将这一技术运用于航天领域。1991年，柯达公司制成了130万像素的数码相机；1996年，柯达公司推出了其首款傻瓜相机。但是柯达公司只把数码成像方面的技术开发当成了向社会炫耀的一种摆设，并没有真正重视数码技术的商业化应用，而仍把关注的重点放在传统的胶卷生意上，这直接导致了柯达公司后来悲惨的命运。

"收魂摄魄之妖术"

照相机在第一次鸦片战争后传入中国，由于它能够真实地记录人的容貌，因此首先被用于拍摄人像。

受当时科技水平限制，许多人盲目地认为拍照就是摄取人的魂魄，这种技术是"收魂摄魄之妖术"。加之女性形象被拍摄、复制、流传并不为大多数人所接受，所以摄影技术传进中国数十年一直未流入宫廷。

直到清朝光绪年间，珍妃将照相机带进后宫，拍摄了不少照片，照相机才进入宫廷，据说慈禧对拍照尤为喜欢。

世界上第一张照片

法国人约瑟夫·尼埃普斯是世界上第一张永久性照片的成功拍摄者。

1826年的一天，尼埃普斯在房子顶楼的工作室里拍摄了世界上第一张能永久保存的照片。在这张照片上，左边是鸽子笼，

中间是仓库屋顶，右边是另一物的一角。

这张照片自1898年公开展览后曾一度销声匿迹，直至1952年才重新面世。

科学家杜森·斯图里克说："如果你想一想照片的整个历史，还有胶片和电视的发展，就会发现，它们都是从这第一张照片开始的。"无可厚非，这张照片是所有此类技术的老祖宗。也正因如此，它才那么令人激动。

世界上最昂贵的相机

2011年5月28日，在奥地利首都维也纳西光摄影拍卖会上，一台徕卡0系列Nr.107相机以130万欧元（当时约折合人民币1200万元）的价格成交，成为世界上最昂贵的相机。

这台相机生产于1923年，是当时德国韦茨拉尔徕卡工厂为检验市场对小尺寸胶片相机的反应而试生产的一款相机，仅制造了25台。这也是唯一一款在相机顶部刻有"德国"字样的徕卡相机。

8

今天你看了吗？

洗衣机：
终结手洗时代

从古到今，洗衣服都是一项难以逃避的家务劳动，在洗衣机出现以前，对于许多人而言，它并不像田园诗描绘的那样充满乐趣。手搓、棒敲、冲刷、甩打……这项不断重复的简单体力劳动，留给人们的感受常常是无比辛苦劳累。

1858年，一个名叫汉密尔顿·史密斯的美国人研制出世界上第一台洗衣机。该洗衣机的主件是一只圆桶，桶内装有一根带桨叶片的直轴，直轴是通过摇动和它相连的曲柄转动的。

同年，史密斯取得了这台洗衣机的专利权。虽

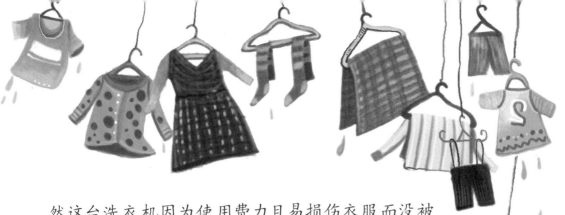

然这台洗衣机因为使用费力且易损伤衣服而没被广泛使用，但它却标志了用机器洗衣的开端。

1874年，"手洗时代"遇到了前所未有的挑战，美国人比尔·布莱克斯发明了木制手摇洗衣机。布莱克斯的洗衣机构造极为简单：在木筒里装上6块叶片，用手柄和齿轮传动，使衣服在筒内翻转，从而达到"净衣"的目的。这套装置的问世，让那些为提高生活效率而苦思冥想的人大受启发，洗衣机的改进过程也开始加速。

1880年，美国出现了蒸汽洗衣机，蒸汽动力开始取代人力。经历了上百年的发展改进，现代蒸汽洗衣机的效率较早期有了相当大的提高，但工作原理是相同的。

蒸汽洗衣机之后，水力洗衣机也出现了。水力洗衣机包括洗衣筒、动力源和与船相连接的连接件，它不需要任何电力，只需自然的河流水力就能洗涤衣物，解决了船员在船上洗涤衣物的烦恼。

1910年，美国人费希尔试制成功世界上第一台电动洗衣机。电动洗衣机的问世，标志着人类家务劳动自动化的开端。

超声波洗衣机

普通洗衣机一般是通过洗涤剂与衣物上的污垢发生化学反应，再用清水将污垢排出机体外，达到洗净衣物的目的。但是，这种洁净作用比较有限，只能清洁衣物表面。

与普通洗衣机不同，超声波洗衣机洗衣时不需要使用洗涤剂。超声波洗衣机主要利用超声波的"空化"作用，产生巨大能量，将污垢从衣物上"震"下来溶解到水中，然后通过内筒的转动对衣物进行甩打和水流穿透，洗净衣物。用超声波洗衣，最大的优点是环保。

藏污纳垢的洗衣机

洗衣机内部看上去非常清洁，但洗衣筒的外面还套有一个外套筒，洗衣水就在这两层中间进进出出，因此洗衣机的夹层内藏有许多污垢。

洗衣机的夹层实际就像下水道，里面的污垢主要由水垢、洗涤剂游离物、纤维、有机物质、灰尘、细菌等组成，这些"大杂

烩"顽固地附着在洗衣机的夹层内，在常温下发酵，洗衣时会污染衣物，甚至会让人皮肤瘙痒过敏，因此要经常清洗洗衣机的夹层。

狗狗声控洗衣机

2013年，英国发明家米德尔顿与一家慈善机构合作开发了一款狗狗声控洗衣机，让经过训练的工作犬通过定制的爪子按钮解除锁定，咬住绳子打开洗衣机的门，用鼻子关上门，再"汪"地叫一声，启动洗衣机。洗衣液则由洗衣机从其内部安装的一个存储瓶中自动添加。

米德尔顿称，有视觉障碍、手部不够灵巧、患自闭症或者学习困难的人可能会觉得现在的洗衣机过于复杂了，这个发明能够帮助有需要的人有效地解决这个问题。

9 塑料：
万用材料

1868年，美国人约翰·海厄特在一家台球厅老板一万美元奖金的刺激下，发明了赛璐珞。赛璐珞是一种透明、可以染色的塑料，被称为"塑料的鼻祖"。

1872年，德国化学家阿道夫·冯·拜尔发现，苯酚和甲醛发生反应后，玻璃管底部有些顽固的残留物。对拜尔来说，这种黏糊糊的不溶解物质是个麻烦，但对美籍比利时人列奥·亨德里克·贝克兰来说，这种东西带他走上了一条光明大道。贝克兰从1904年开始研究这种反应，3年后，他得到一种糊状的黏性物质，模压后即可成为半透明的硬塑料——酚醛塑料。

酚醛塑料绝缘、稳定、耐热、耐腐蚀、不可燃，贝克兰称之为"万用材料"。特别是在迅速发展的汽车、无线电和电力工业中，它被制成插头、插座、收音机和电话外壳，也被用于制造台球、刀柄、桌面、烟斗、钢笔和人造珠宝。塑料的发明被誉为"20世纪的炼金术"，它用途广泛却可以从煤焦油那样的廉价物中提取。1924年，《时代》周刊的一则封面故事称：那些熟悉酚醛塑料潜力的人表示，数年后它将出现在现代文明的每一种机械设备里。1940年5月20日的《时代》周刊则将贝克兰称为"塑料之父"。当然，酚醛塑料也有缺点，它受热会变暗，只有深褐、黑或暗绿3种颜色，而且容易摔碎。

　　1939年，贝克兰退休时，儿子乔治·华盛顿·贝克兰无意从商，将公司以1650万美元（相当于今天2亿美元）的价格出售给了联合碳化物公司。1945年，美国的塑料年产量超过了40万吨，1979年又超过了工业时代的代表——钢。

　　不过，随着塑料工业的迅猛发展，废弃塑料的处理也引起了一系列社会问题，塑料在为人类社会解决了一系列问题的同时，也给人类社会带来了新的问题。

"塑料血"

2007年，英国谢菲尔德大学的研究人员开发出一种人造"塑料血"，看起来就像浓稠的糨糊，只要将其溶于水后就可以给病人输血，可作为急救过程中的血液替代品。

这种新型人造血由塑料分子构成，一块"塑料血"中有数百万个塑料分子，这些分子的大小和形状都与血红蛋白分子类似，还可携带铁原子，像血红蛋白那样把氧输送到全身。

由于制造原料是塑料，这种人造血轻便易带，不需要冷藏保存。不过，这种"塑料血"不能永久替代正常血液，被输血者必须在尽可能短的时间内再次输入真正的血液。

防弹塑料

塑料在人们眼中常常是脆弱的代表，但2013年，墨西哥的一个科研小组研制出了一种新型塑料，它可以用来制作防弹玻璃和防弹服，质量只有传统材料的七分之一至五分之一。

这是一种经过特殊加工的塑料，与正常结构的塑料相比，具有超强的防弹性。

试验表明，这种新型塑料可以抵御直径22毫米的子弹呢！

可怕的白色污染

塑料制品的应用已深入社会的各个角落，从工业生产到衣食住行，塑料制品无处不在。

与此同时，塑料垃圾已经悄悄地涌来，严重影响着人们的生活环境和身体健康，如一些农用土地因废弃地膜的影响而开始减产，不腐烂、不分解的一次性餐盒无法有效回收等等。

塑料废弃物剧增及由此引起的社会和环境问题严峻地摆在了人们面前，希望日新月异的科技发展能尽早解决这一难题。

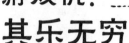

10

今天你看了吗？

游戏机：
其乐无穷

　　1888年，德国人斯托威克根据自动售货机的投币器工作原理，设计了一种名为"自动产蛋鸡"的机器，只要往机器里投入一枚硬币，"自动产蛋鸡"便"产"下一只鸡蛋，并伴有叫声。人们把斯托威克发明的这台机器看作是投币游戏机的雏形。

　　但是真正用于娱乐业的游戏机，当属20世纪初德国出现的"八音盒"游戏机。游戏者只要一投币，音盒内的转轮便自动旋转奏出音乐。

　　投币游戏机大都属于机械或简易电路结构，趣味性较差，而且内容单一。随着全球电子技术的飞速发展，电子游戏渐渐浮出水面，美国电气工程师诺兰·布什纳尔更是前瞻性地看到了电子游戏的前景所在。

　　1971年，布什纳尔根据自己编制的网球游戏，设计了世界上第一台商用电子游戏机。这台电子

游戏机有着一段颇具戏剧性的经历：布什纳尔为了看看它是否被人们接受，就同附近一个娱乐场的老板协商，把它摆在了这个娱乐场的一角。没过两天，老板打电话告诉他，那台电子游戏机坏了，让他前去修理。布什纳尔拆开机壳，意外地发现投币箱被硬币塞满了。这不仅意味着巨大的收益，也意味着人们对于这种游戏机的喜爱。

成功激励着布什纳尔进一步研制生产电子游戏机，为此他创立了世界上第一家电子游戏机公司——雅达利公司，为后来全世界的游戏产业发展做出了巨大的贡献。由于电子游戏机专业化的游戏性表现，即便在电脑技术如此发达的今天，电脑网络游戏仍然无法完全取代电子游戏机的地位。

《超级玛丽》

　　《超级玛丽》是很多人关于童年最深刻的记忆，即便在各种3D、4D游戏层出不穷的今天，可爱的《超级玛丽》在人们心中依然占有一席之地。

　　这款游戏由日本著名的游戏公司任天堂出品，采用了卡通风格的游戏界面。颜色鲜艳，场景可爱，掩盖了游戏机在画面性能上的不足。

　　主人公马里奥可以算是游戏世界中的顶级人气角色。游戏里，马里奥长着大鼻子，头戴帽子，身穿背带工作服，形象俏皮，而且他是靠吃蘑菇长大的，十分有趣。

　　经典就是这样，时间越久，你就越觉得它值得怀念。

XBOX

　　XBOX是由世界上最大的电脑软件公司微软公司开发的家用电视游戏主机。在游戏机市场中，XBOX和索尼公司的PS、任天堂公司的Game Cube形成了三足鼎立的局面。

虽然2001年XBOX在美国发售时，PS二代机的全球销量已经突破了2000万台，但来势汹汹的XBOX依然令同行畏惧。

2001年11月15日，微软公司在美国纽约和旧金山举办了盛大的XBOX午夜首卖活动，营销活动场面盛大，比尔·盖茨还亲临纽约时代广场，并在零点一分将第一部XBOX递给激动的玩家，与其一同体验了XBOX的魅力。

正确认识网络游戏

2016年1月5日，国家新闻出版广电总局公布，中国2015年游戏产业收入达到1407亿元，已超过美国成为全球第一大游戏市场。其实任何事都有两面性，好的游戏可以带给人思考及美的享受，一些教育类游戏寓教于乐，让孩子更容易接受新事物，了解新知识。但若过分沉迷，则会使人无法分辨虚幻与现实的差距，走上邪路。因此，面对无孔不入的游戏，家长不应该盘否定，适时适度引导才能让孩子度过更愉快的童年。

11

今天你看了吗？

无线电：
看不见的运输线

　　无线电是指在所有自由空间（包括空气和真空）传播的电磁波。无线电技术的原理是：导体中电流强弱的改变会产生无线电波，利用这一现象，可以将很多信息加载于无线电波之上进行传输。

　　1864年，英国物理学家麦克斯韦在总结前人研究电磁现象的基础上，建立了完整的电磁理论。

　　1893年，美籍塞尔维亚裔科学家尼古拉·特斯拉在美国密苏里州圣路易斯首次公开展示了无线电通信，在为费城富兰克林学院以及全国电灯协会做的报告中，他描述并演示了无线电通信的基本原理。

　　无线电最早被应用于航海中。海上时常有大雾天气，能见

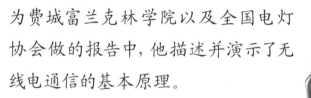

度低，无法用陆标和天文定位，但是可以根据海区条件进行无线电定位导航，使用莫尔斯电报在船与陆地间传递信息。

1906年圣诞前夜，美国人雷吉纳德·菲森登实现了历史上首次无线电广播，他广播了自己用小提琴演奏的《平安夜》和朗诵的《圣经》片段。位于英国切尔姆斯福德的马可尼研究中心，则在1922年开播了世界上第一个定期播出的无线电广播娱乐节目。

前美国总统罗纳德·里根在"冷战"后期发表了一个著名的演说——《星球大战计划》，而这项预计耗资250亿美元的计划就是建立在无线电技术的基础上的。

自100多年前无线电问世以来，人们的想象力被它激活，变革的大门因它打开，无线电不但成为传达救生信息的渠道，还提供娱乐、传播信息、影响人们的思想。无线电以短波、调频和卫星传送等方式将身处各地的人们联系在一起，尤其在冲突环境和危急时刻，无线电可以说是人们的生命线！

世界无线电日

"世界无线电日"最初是由西班牙无线电学会提出的。

2011年11月3日,联合国教科文组织第36届大会决定,把每年的2月13日,即联合国电台1946年成立日,指定为"世界无线电日",旨在宣传无线电作为通信载体,在促进教育发展、信息传播以及自然灾害中重大信息发布等方面所发挥的重要作用。

2012年12月,联合国教科文组织的这一倡议在联合国大会上获得批准。

无线传输电能

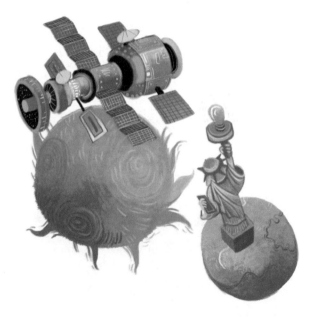

曾有日本科学家提出:可以在太空中建立大型的太阳能电站,利用无线电将电能转化为微波送回地球,供人们使用。而这一大胆设想也许真有可能成为现实。

据英国《泰晤士报》报道,2007年6月8日,美国麻省理工学院的科学家们完成了一项实验,他们使用两个相距2米的铜线圈,成功地通过无线电力传输点亮了一个功率为60瓦的电灯泡。

无线遥控昆虫

2009年2月,美国科学家宣布,他们研制出了一项能够对昆虫进行无线遥控的新技术。

科学家们表示,通过在一种名为"独角仙"的甲虫体内植入电极和无线电信号接收装置,他们已经能够对这种昆虫的翅膀和其他身体部位的运动情况进行远程控制。

而之所以选择独角仙作为试验对象,是因为这种甲虫的力气在同体积的昆虫中相对较大,最多可驮运3克重的物品。

科学家们表示,研发这类技术是为了让这些甲虫替代人类完成一些危险工作。他们认为,大规模生产这种可控制的甲虫将会使人类受益匪浅。同时,由于在独角仙体内设置电极并不需要太高的精度,批量生产"可控甲虫"完全能够实现。

12

今天你看了吗？

味精：
制造舌尖上的美味

味精是一种调味品，其诞生至今还不到100年。其实，中国古代就有味精，只是那时候不叫味精而叫海草粉。在明朝的时候，中国的厨师就将海草粉当作调味品加入菜肴中，令食物味道更鲜美。

说起味精的发明，纯属偶然。1908年的一天傍晚，日本帝国大学的化学教授池田菊苗坐到餐桌前，由于今天完成了一个难度较高的实验，此刻他的心情特别舒畅，当妻子端上来一碗黄瓜海带汤时，池田一反往常的快节奏饮食习惯，竟有滋有味地慢慢品尝起来。不料这一品，他竟发现今天的汤味道特别鲜美。

池田感到很奇怪，普通的海带和黄瓜怎么会有这样的鲜味？职业

敏感让这位教授一离开饭桌，就钻进了实验室里。他取来一些海带，细细研究起来，而这一研究，就是半年。半年后，池田发表了他的研究成果：从海带中可提取出一种名为"谷氨酸钠"的化学物质，只要把极少量的谷氨酸钠加到汤里，就能使味道更鲜美。

一位名叫铃木三郎助的日本商人看到这一研究成果后，立刻联系池田，想与他携手进行商业化操作。但池田告诉铃木，从海带中提取谷氨酸钠作为商品出售不够现实，因为每10千克的海带中只能提取出0.2克的这种物质。可是继续研究后，他们发现在大豆和小麦的蛋白质里也含有这种物质，利用这些廉价的原料也许可以大量生产谷氨酸钠。

池田和铃木的合作很快就结出了硕果。不久后，一种叫"味之素"的商品出现在东京浅草的一家店铺里，广告更是吸引人——"家有味之素，白水变鸡汁"。一时间，购买"味之素"的人差一点就挤破了店铺的大门。

真的能缓解牙疼吗

牙疼是一种常见病，有时牙疼起来吃药打针也无济于事。可你知道吗？竟然有一种说法是：牙疼时，只要用筷子蘸一点味精，将它点到疼痛的牙齿上，疼痛将很快消失。虽然有许多人声称亲自试验已取得效果，但目前对此还没有明确的科学解释。真相究竟如何，可以留给你去研究哦。

可怕的身体麻痹

1968年，一位医生在一家餐馆吃饭之后，感到身体麻痹，从颈后部开始，一直延伸到手臂和背部、臀部，同时他感到全身无力、四肢发软、心跳加速，这些症状持续了大约两个小时。后来，这位医生发现，他的一些朋友也是在吃过加了很多味精的菜之后，出现类似的不适症状。

虽然后来相关研究证明，适量食用味精并不会对人体健康产生危害，但现在人们越来越崇尚自然饮食，越来越少添加味精了。

催生肥胖的隐患

1970年，美国科学家在一次实验中，采用皮下注射的方式，连续10天把味精溶液注入一群刚出生的老鼠体内，结果它们长大后变得非常肥胖。

此外，与另一群健康的老鼠相比，这些实验鼠体内较大型的细胞对于肾上腺素的脂解作用反应特别差，但是对胰岛素的抗脂解作用反应却特别厉害。

据此，负责研究的专家认为，味精会造成肥胖症，原因是味精改变了细胞对肾上腺素及胰岛素的反应。

13 莫尔斯电码：
暗藏玄机的"乱码"

　　莫尔斯电码是一种能表达意义的特殊信号代码，通过两种基本信号和不同时间间隔的不同排列顺序表达不同的英文字母、数字和标点符号。它由美国人艾尔菲德·维尔发明，当时他正在协助莫尔斯进行电报机的发明。莫尔斯与艾尔菲德·维尔签订了一份协议，一起制造更加实用的设备。艾尔菲德·维尔构思了一个方案，通过点、画和中间的停顿，让每个字元和标点符号彼此独立地发送出去。他们达成一致，同意把这种标识不同符号的方案放到莫尔斯的专利中，这就是后来人们熟知的美式莫尔斯电码，它被用来传送了世界上第一条电报。

　　这种古老的电码是为了配合报务员的接听方式而设计的，报务员可以从扬声器或者耳机中听到电码的声音，进而记录下来。像那时的许多年轻

人一样，美国大发明家爱迪生就曾是一名报务员。

1909年8月，美国轮船"阿拉普豪伊"号由于尾轴破裂，无法航行，就使用莫尔斯电码向邻近海岸和过往船只拍发了SOS信号，这是世界上第一次使用这个信号。

由于莫尔斯电码的速率太低，不适应现代通信的大容量高速度要求，也不适应现代通信的保密机制，所以先进的军事大国都已经取消了莫尔斯电码在军事上的使用。2003年，世界无线电通信会议决定莫尔斯电码不再成为必需，大多数的国家剔除了业余无线电执照考试中的莫尔斯电码内容。

即便如此，作为一种信息编码标准，莫尔斯电码依然拥有其他编码方案无法超越的长久的生命力，莫尔斯电码在海事通信中被作为国际标准一直使用到1999年。

1997年，当法国海军停止使用莫尔斯电码时，发送的最后一条消息是："所有人注意，这是我们在永远沉寂之前最后的一声呐喊！"

爱情信使

早已被新科技所取代的莫尔斯电码，曾在中国的互联网世界里演绎了一段费尽周折的爱情猜谜传奇。

2014年，一名男子在互联网上向一名女子

表达了爱慕之情，女子却只答复了一段莫尔斯电码以及很少的提示，并表示破译这个电码，才答应和他约会。

这名男子绞尽脑汁，不得其解，只好在某贴吧里将电码贴出以求助网友，最终电码被破解。谜底是：I LOVE YOU TOO（我也爱你）。

SOS信号

SOS是国际莫尔斯电码救难信号。鉴于海难发生时往往由于不能及时发出求救信号而造成很大的人员伤亡，国际无线电报

公约组织于1908年正式将SOS确定为国际通用海难求救信号。

但英国的无线电操作员很少使用SOS信号，他们更喜欢老式的CQD遇难信号。

有传闻称，"泰坦尼克"号遇难时，它的无线电首席官员约翰·乔治·菲利普一直在发送CQD遇难信号，却没有收到任何回音。最后下级建议他："发送SOS吧，这是新的求救信号，也可能是我们的最后一线希望！"这样，"泰坦尼克"号的求救信号才被人们发现。

莫尔斯电码校训

北京邮电大学是一所以信息科技为特色的研究型大学，信息通信专业的教学和科研能力很强。

北京邮电大学西门的路面上有几块黑色的地砖呈长条状和点状，不规则地分布在白色的地砖上。乍一看这些地砖似乎没什么特别，其实这些图像正是一组莫尔斯电码，翻译过来就是北京邮电大学的校训："厚德，博学，敬业，乐群。"

14

今天你看了吗？

直升机：
火力凶猛的竹蜻蜓

人类自古以来就向往能够自由飞行，古老的神话描绘了人类早年的飞行梦，而梦想的飞行方式大都是原地腾空而起，就像现代直升机那样既能自由飞翔又能悬停于空中，还能随意实现定点着陆。阿拉伯民间故事中的飞毯、古希腊神话中的战车，都是垂直起落的飞行器，意大利著名画家达·芬奇也有关于垂直起降航空器的画作。在中国，与此相关的最有价值、最具代表性的物件则是竹蜻蜓。

有关竹蜻蜓的记载最早出现于晋朝葛洪所著的《抱朴子》一书中。它利用"环剑"驱动螺旋桨轴，从而通过旋翼的空气动力

实现垂直升空，与现代直升机旋翼的基本工作原理相同。"英国航空之父"乔治·凯利曾制造过几个竹蜻蜓，用钟表发条作为动力来驱动旋转，飞行高度曾达27米。

随着生产力的发展和人类文明的进步，直升机的发展由幻想时期进入了探索时期。1903年，美国人莱特兄弟制造的固定翼飞机试飞成功。在此期间，尽管在发展直升机方面，航空先驱付出了艰苦的努力，但由于直升机技术的复杂性和发动机的性能不佳，它的成功飞行要晚于固定翼飞机。

1907年8月，法国人保罗·科尔尼研制出一架全尺寸载人直升机，并在同年11月13日试飞成功。这架直升机被称为"人类第一架直升机"。

值得一提的是，俄国人尤利耶夫独辟捷径，提出了利用尾桨来配平旋翼反扭矩的设计方案，并于1912年制造出了试验机。这种单旋翼带尾桨式直升机成为至今最流行的直升机形式。

达·芬奇的画

19世纪末，在意大利的米兰图书馆，人们发现达·芬奇早在1475年就画了一张关于直升机的想象图。

这是一个用上浆亚麻布制成的巨大螺旋体，当达到一定转速时，就会把机体带到空中。驾驶员站在底盘上，拉动钢丝绳，以改变飞行方向。

西方人认为，这是最早的直升机设计蓝图。

"阿帕奇"武装直升机

"阿帕奇"武装直升机是现美国陆军主力武装直升机，发展自美国陆军 20 世纪 70 年代初的先进武装直升机计划，它现在已被世界上 13 个国家和地区使用。

自诞生之日起，"阿帕奇"武装直升机一直名列世界武装直升机综合排行榜第一位。

1989年，美国入侵巴拿马时，"阿帕奇"首次投入实战，在数场重要的战争中充当了重要角色。一架"阿帕奇"能同时发射多枚"地狱火"导弹,接战多个目标,理论上每次出击最多能击毁16辆主战坦克。

"黑鹰"直升机

美国的"黑鹰"直升机主要用于沙漠作战,它们被部署到战区前安装了针对沙漠环境的防护设备。

1991年2月24日,海湾战争地面战打响的第一天,"黑鹰"直升机便成为人类战争史上规模最大的直升机空运行动的主力。超过300架"黑鹰"直升机向伊拉克沙漠中的"眼镜蛇"着陆场进行了突击运输。

海湾战争后,"黑鹰"直升机的身影几乎活跃在美国陆军的所有军事行动中。

15

今天你看了吗？

传真机：
展开图片传递的翅膀

　　传真技术早在19世纪40年代就已经诞生，比电话的面世还要早30多年。它是由一位名叫亚历山大·贝恩的英国发明家根据钟摆原理于1843年发明的。但是，传真通信是电信领域里发展比较缓慢的技术，直到20世纪20年代才逐渐成熟起来，60年代后才得到迅速发展。自70年代开始，世界各国相继在公用电话交换网上开放传真业务，传真机才得到广泛的应用。

　　人们对新闻照片和摄影图片的传送要求是很广泛的，许多科学家都曾致力于相片传真机的研究。1907年11月8日，法国发明家爱德华·贝兰向公众展示了他的研制成果——相片传真。1913年，他制成了世界上第一部用于新闻采访的手提式传真机。

1925年，美国电报电话公司的贝尔研究所研制出了高质量的相片传真机。1926年，美国正式开放了横贯美国大陆的有线相片传真业务，同年还与英国互相开放了横跨大西洋的无线相片传真业务。此后，欧美其他各国和日本等国也相继开放了相片传真业务，从此相片传真被新闻机构广泛用于传送新闻照片。

1935年1月1日早晨，美联社将一张从空中拍摄的坠毁在美国纽约州阿迪朗达克山中的飞机的照片，通过一条连接25个城市的47家报社的电话线路成功地传送了出去，从而开辟了新闻照片快速传递的新纪元。

在此之前，不管具有多么重大意义的新闻事件的照片，都需要几天，甚至几周的时间才能到达各家报社的办公桌上，而美联社的照片传真手段彻底改变了这一状况。从此以后，发生在世界各地的重大新闻事件的照片，在当天就能见报了。

传真技术的发明与发展为新闻照片的快捷传递起到了极其重要的作用，即使在当今网络传输已有很大发展的情况下，照片的传真途径仍然没有完全被取代。

气象传真机

气象传真机主要用于向气象、军事、航空、航海等部门传送和复制气象图等，这种传真机传送的纸张幅面比一版报纸还要大呢！

航海的船上装有气象传真接收机，就可以方便可

靠地获得航行海区有关国家发布的气象、海况等传真资料，从而了解更多、更大范围的天气演变过程，掌握航行海区已经发生和将要发生的海洋气象状况，这对船舶的安全航行有着十分重要的意义。

低碳环保的无纸传真机

传真机在人类科技史上占有重要的地位，即使在电子邮件、手机短信风行的当代信息社会，无论是企业、事业单位还是行政机构，传真仍是不可缺少的一种通信手段。但是，这种通信手段也有很多缺点，比如耗费大量纸张，这对于越来越讲究低碳环保

的新型社会来说，是一大弊端。

于是，就有人发明了无纸传真机，它是通过电脑收发传真的，整个过程实现无纸化操作，是将传真技术与网络技术相结合的一种智能型高科技产品。

千里传物——3D打印传真机

3D打印技术正逐渐应用于各个领域，发展前景广阔。甚至在一些产品的制造上，已经出现了使用这种技术打印而成的零部件。

在这样的背景下，3D传真的概念应运而生，AIORobotics公司出品了一款名为"宙斯"的3D打印传真机，在理论上它已经实现了3D传真的功能。

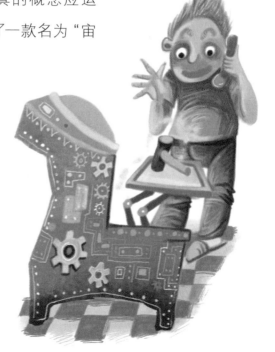

下次，当我们突然需要一把锤子却在家中苦寻不得时，可以直接扫描邻居家的锤子，或者让邻居帮忙传真照片过来，再利用3D打印技术打印出来就可以使用了。这听起来是不是很神奇呢？

也许在不久的将来，千里传物真的能成为现实。

16

今天你看了吗？

空调：
这里四季如春

　　1924年的夏天，美国底特律像往年一样骄阳似火。此时，在著名的哈德逊百货公司的地下商场里，正举行定期的甩卖会。一开始来的顾客并不多，因为在以往的这个时候，闷热的空气使得顾客晕倒的事情频频发生，待在那儿简直就是活受罪。可是这一天，踏入这里的顾客却感受到前所未有的凉爽。原来，这里安装了三台离心式空调，这个清凉世界吸引了无数的人前来一探究竟。

　　此后，商场内天天人满为患，原本处于淡季的商场营业额奇迹般地一路飙升。如此骄人的业绩使得别的商家纷纷效仿，也让我们不得不佩服空调的超级魅力！

　　空调的全称是"空气调节系统"，它是1902年由美国人威利斯·开利设计的，目的是为一家印刷出版公司排

除因为夏天空气湿热造成的油墨不干、颜料渗漏、纸张发胀、印刷模糊等困扰。1906年，开利以"空气处理仪"为名为空调申请了美国专利，他也被人们尊称为"空调之父"，可谁会想到，当时的开利只是个二十几岁的年轻小伙！

自那以后的20年间，开利发明的空调逐渐进入了诸多行业的生产过程，有意思的是，那时享受空调的对象一直是机器，而不是人。

1922年，开利的公司研制成功了在空调史上具有里程碑意义的产品——离心式空调机，它最大的特点是效率高，可以在大空间内调节空气。两年后，开利的公司选择哈德逊百货公司作为市场切入点，不出意料，大获全胜！从此，空调成了商家吸引顾客的利器，而人也幸运地成了空调服务的对象。

1928年，开利的公司又推出了第一代家用空调，但随之而来的经济大萧条和接踵而至的第二次世界大战，阻断了家用空调的普及。直到20世纪50年代，战后各国经济开始复苏，家用空调才真正走进千家万户。

古老的波斯"空调"

早在公元前1000年左右，波斯人就已经发明了一种空气调节系统。

它是利用装置于屋顶的风杆，令外面的自然风穿过凉水后吹入室内，使室内变得湿冷，令人感到凉爽。

功不可没的影剧院

空调的真正普及其实是通过影剧院实现的。可以想象，当时的娱乐业一到夏天就一片萧条，因为没人乐意花钱买罪受。

1925年的夏天，关于空调的广告开始在人群中轮番"轰炸"，原来，这是开利与纽约里瓦利大剧院联手策划的，他们

打出了保证顾客"情感与感官双重享受"的诱人口号。

那一天，大剧院门外人山人海，心存疑虑的人们还是怀里都揣着一把纸扇以防万一。可是，他们在跨入剧院大门的那一刻，便被那瞬间的清凉彻底征服。从此，空调进入了迅猛发展的阶段。

十大肥胖诱因之一

什么？吹空调会让人发胖？这听起来有些匪夷所思。但事实确实如此，温度过于舒适，人体减少了由出汗和发抖引起的热量消耗，就会导致肥胖的发生率上升。

仔细想想，其实很容易理解，在空调的庇护下，即使天气再热、气温再高，我们也仍然可以待在凉爽的室内，而这样舒适的环境是不是让人食欲大增呢？

反之，如果我们在工作单位和家里备受"煎熬"，那么我们就毫无食欲碰那些油腻的垃圾食品了！

17

今天你看了吗？

电视：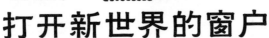
打开新世界的窗户

世界上第一台电视机面世于1924年，由英国的电子工程师约翰·贝尔德发明，但直到1928年，世界上第一套电视节目才在美国播出，名叫《菲利克斯猫》。

1939年4月30日，美国人第一次用电视节目播送了罗斯福总统在纽约世界博览会上的开幕致辞。一连几天，成千上万的观众拥进曼哈顿百货商店，挤在美国无线电公司展出的9英寸×12英寸电视机的屏幕前观看电视节目。不过那个时候，电视机只能播送黑白画面。

1941年12月，电视机的发明人贝尔德传送出首批完美的彩色图像，但可惜的是，他的实验室被德军的飞弹炸毁了，贝尔德不得不重新开始研究。1946年6月的一天，英国广播公司终于开始播送彩色电视节目，美国紧随其后。

第二次世界大战后，美国新设的电视台如雨后春笋般涌现。到1948年底，电视台增加到41家，电视机的产量也达到100万台。

1958年3月17日，是中国电视发展史上值得纪念的日子。这天晚上，中国电视广播中心在北京第一次试播电视节目，国营天津无线电厂（后改为天津通信广播公司）研制的中国第一台电视接收机实地接收试验成功。这台被誉为"华夏第一屏"的北京牌820型35厘米电子管黑白电视机，如今摆在天津通信广播公司的产品陈列室里。

如今通过电视，我们能看到不同地域的风土人情、自然风光，从而领略到穿越时空的奇妙，但与此同时也会看到一些凶杀暴力的画面。尽管家长们都知道长时间看电视对孩子的危害，也知道有些电视节目不适宜让孩子观看，但实际生活中却难以做到完全让孩子远离电视。因此，家长应该注意让孩子养成良好的看电视的习惯，如每次看电视不超过半小时，选择适合孩子的节目等。

会求救的电视机

一天晚上，美国人罗斯曼和往常一样，在家里看着电视。可是不知道为什么，这天晚上，这台电视机竟然发出了国际求救信号。

这些很强的信号立即被营救卫星检测到，营救卫星又在第一时间将这些信号发给了位于弗吉尼亚州的一个美国空军援救协调中心。

营救人员迅速确定信号所在的位置，展开了救援行动。但最终，他们发现这只是一台电视机的恶作剧。

警方和营救人员当即告诉罗斯曼，接下来最好别打开这台顽皮的电视机，以免因为"故意播送假求救信号"而被处以每天1万美元的高额罚款。

首个电视广告

首个电视广告于1941年7月1日在美国纽约播放，这则长20秒的瑞士宝路华手表的广告，是在一场棒球比赛之前播放的，播放费用为9美元。

电视动画片

在20世纪50年代以前,动画片只有在电影院里才能看到,电视台是不播放动画片的。

到了50年代,好莱坞的动画片逐渐衰落,为了缓解动画制作的困境,各大制片厂把旧动画片的放映权卖给了电视台。

几十年来,这些不断重播的动画片收视率相当可观,这也促使电视动画成为新的制片类型。

1957年,世界上第一部专门为了在电视上播放而制作的动画片《罗夫和瑞狄》问世,其创作者就是我们熟知的美国著名动画片《猫和老鼠》的作者。

18

今天你看了吗？

青霉素："起死回生"之术

1943年10月，时值第二次世界大战末期，英美两国正在和纳粹德国交战，前线到处血流成河，伤员们仿佛身处人间炼狱，在消毒条件简陋的环境下，随时都有丧命的危险。

这时，一种叫"青霉素"的药品横空出世，在控制伤口感染方面大显神威，挽救了无数的生命，被称为"有魔力的子弹"。

1944年，青霉素的供应能够治疗第二次世界大战期间所有参战的盟军士兵，因而迅速扭转了战局，加速了第二次世界大战的终结。

青霉素的出现开创了用抗生素治疗疾病的新纪元，可谁会想到，它的发现纯粹是一次美丽的失误！

1928年2月13日，英国伦敦大学圣玛莉医学院细菌学教授亚历山大·弗莱明在一间简陋的实验室里研究导致人体发热的葡萄球菌。由于盖子没有盖好，外出三周后回到实验室的他，发现培养细菌用的琼脂上附了一层青绿色的霉菌，这想必是从楼上的一位研究青霉菌的学者的窗口飘落下来的。更令弗莱明感到惊讶的是，在青霉菌的近旁，葡萄球菌被溶解了。

弗莱明随后证明了从青霉菌中分离出来的某种活性物质可以在几小时内将葡萄球菌全部杀死，这太令人吃惊了！弗莱明为这种物质取名为青霉素。

青霉素能使病菌细胞壁的合成发生障碍，从而有效地杀死病菌，但它又不会损害人体细胞，因为人和动物的细胞没有细胞壁，这正是人类梦寐以求的东西！

第二次世界大战以后，青霉素更是得到了广泛应用，拯救了无数人的生命。

长毛的糨糊

早在中国唐代，长安城的裁缝就懂得把长有绿毛的糨糊涂在被剪刀划破的手指上，以此来帮助伤口愈合。

但他们并不知道，绿毛到底为什么会有这样的威力。其实这些绿

毛中就含有青霉素，只不过那时候人们还没有发现它而已。

提纯接力赛

弗莱明发现青霉素后，却因为青霉素"个性太活跃"，不容易稳定，始终无法提纯这个问题而困扰十多年。

1940年，德国生物化学家恩斯特·钱恩提炼出了几毫克较纯的可用于肌肉注射的青霉素，但遗憾的是，量还是太少，即便病人尿液中的青霉素都被分离回收利用，病人最终还是会死于血液中卷土重来的致命细菌。

1941年，澳大利亚病理学家瓦尔特·弗洛里在美国军方的协助下，从飞行员自各国机场带回来的泥土中分离出菌种，使青霉

素的产量从每立方
厘米2单位提高到了
40单位。

又一次偶然的
机会，弗洛里从一只
长绿毛的烂西瓜中
取下了一点绿霉培
养菌种。让他欣喜
若狂的是，从这里
得到的青霉素产量
竟然一下子猛增到
每立方厘米200单位。这下终于够用了！

1945年，弗莱明、钱恩和弗洛里分享了当年的诺贝尔生理学
或医学奖。

青霉素有毒

青霉素有毒？没错，这并不是开玩笑，只不过因为人类身体
中的细胞只有细胞膜而没有细胞壁，所以青霉素对人类的毒性显
得较小而已。

但是，如果你是严重过敏体质者，即便医生给你注射极少
量的青霉素，也可能引起休克甚至死亡。所以，虽然青霉素是很
常用的抗菌药品，但每次使用前都必须做皮试，以防过敏。

19

今天你看了吗？

积木：
无限挖掘想象力

制成积木是孩子们都喜欢的玩具，它们通常由木头或者塑料制成，形状多种多样，表面也会涂上不同的颜色，印上字母或者图画，让孩子们有足够的兴趣来摆弄它们。

用积木可以进行不同的排列、接合、拼插，还可以搭建漂亮的建筑物——把积木一块块码起来，看着建筑物拔地而起，常常会让孩子们兴奋得直拍手。

世界上最早的积木诞生于欧洲，其发明者是被誉为"幼教之父"的福禄贝尔。福禄贝尔发明这套启蒙益智玩具，最先是作为幼儿教具使用的，目的在于让孩子在游戏中更好地认识自然，在积木玩具中习得知识和能力。当时

这种积木被统称为"恩物"，也就是上帝恩赐的礼物。

玩积木有助于开发智力，还可以训练孩子的手眼协调能力。搭积木时，涉及比例、对称等问题，这都有利于孩子数概念的早期培养。用积木盖房子时，预计每块积木在建筑物中的位置，下面搭什么，上面放什么，然后将积木摆放在最适当的位置，这就是孩子们对空间感的最初认知。搭积木还体现了很多的力学原理，比如大小不同的积木，稳固性是不一样的，稳固性好的不容易倒塌，孩子会逐渐意识到"平衡"这个概念。

经常利用积木搭建不同形状的实物，或用零散的积木堆出复杂的物体，这都有利于孩子发挥想象，最大限度地挖掘他们的创造力。

早期的积木不包含故事内容，孩子们要靠自己的心思去创造主题。随着时间的推移，有的积木品牌推出了含有浓厚故事性的套装积木，发现它们具有强大的市场潜力。于是，越来越多的故事系列套装积木相继问世，比如"星球大战""生化大战""特殊部队""白雪公主""美人鱼"等，一时大受欢迎，成为孩子们的热门选择。

玩具要上木星啦

你一定听说过乐高积木。1932年，丹麦人奥利·柯克·克里斯蒂森创立了乐高公司。乐高玩具最大的特色就是，顶端的凸粒和内侧的凹孔能够紧密地扣在一起。2011年8月5日，美国国家航空航天局发射了"朱诺"号探测飞船，它将在2016年到达木星。三个乐高玩偶有幸搭乘了这艘宇宙飞船：一个是古罗马神话中的众神之王朱庇特，木星就是以他的名字命名的；一个是他的妻子朱诺，手握放大镜；还有一个是意大利天文学家伽利略，手持一架望远镜和一座木星的微缩模型。

堆积金字塔

如果要把球状的积木堆成金字塔形状，应该怎么放呢？当然是先把积木紧密排列成第1层，这时每三个相邻的积木中间会有一条缝隙，再把剩下的积木铺放在每一条缝隙上便形成了第

2层。以此类推，第3层、第4层以上就可以排列得非常整齐又稳定，这样的堆积方法就是"最密堆积法"。

千年"积木塔"

据说积木拼插就起源于建筑模型，而我国有一座用木构件组合而成的辽代古塔，堪称中国古代建筑史上的奇迹。1000多年前，一堆匠人聚集在一起，用10万块木构件，像搭积木一样，建了一座高67.31米，直径为30.27米的纯木结构的木塔。它就是应县木塔，也叫佛宫寺释迦塔，它曾遭受7天大震、200多发炮弹攻击的"厄运"，当周围房屋全部倒塌时，这座木塔却岿然不动，屹立千年！

20

今天你看了吗?

生物武器:
来自地狱的瘟神

生物武器是利用病毒、真菌等生物制剂,消灭敌人和毁坏植物的武器的总称。生物武器能使众多人、畜和农作物等患病乃至死亡,它和常规武器、化学武器、核武器并称为四大武器系统,而且它总会引发瘟疫,因此被称为"地狱瘟神"。

有人将生物武器形容为"廉价原子弹"。根据1969年联合国化学生物战专家组统计的数据,当时每平方千米导致50%死亡率的成本,传统武器为2000美元,核武器为800美元,化学武器为600

美元，而生物武器仅为1美元。

生物武器的杀伤力是相当大的。1979年，苏联位于斯维洛夫斯克市西南郊的一个生物武器生产基地发生爆炸，致使大量炭疽杆菌气溶胶逸出到空气中，造成该市肺炭疽流行，直接死亡1000余人，并且该地区疫病流行达10年之久。而这仅仅是一次泄漏事件造成的后果。

专家估计，如果一颗装有炭疽杆菌的弹头导弹在一个顺风的天气落到华盛顿市区，就可造成3万～10万人死亡；如果一架载有100千克炭疽菌培养液的小飞机在华盛顿上空洒下这种培养液，可造成100万人死亡。

在杀伤力上，生物武器比核武器毫不逊色。受生物武器感染，病人极其痛苦，常常在受尽病痛折磨后死去，并且病菌具有传染性。

许多病菌在作为武器使用后，可以长期存活在土壤和水中，贻害无穷。第二次世界大战期间，英国在格鲁伊纳岛试验了一颗炭疽杆菌炸弹，直至1990年，英国官方才宣布该岛脱离危险。

最早的生物武器——染病的绵羊

早在3000多年前,人们就已经学会使用生物武器。

公元前1325年,赫梯人在攻打腓尼基人城市的时候,将感染了兔热病的绵羊放入敌方城市,导致敌方染上这种致命疾

病而丧失战斗力,这是当年赫梯人无往不胜的一个重要原因。

赫梯人在遭到外敌入侵时,也曾经使用过同样的手法。赫梯人曾经遭到邻国阿尔扎瓦王国的进攻,眼看着就要败下阵来,但就在那段时间,一些绵羊神秘地出现在阿尔扎瓦的街道上。当地居民自然不会错过美味,将这些绵羊统统抓来吃掉了。很快,兔热病在阿尔扎瓦蔓延开来,阿尔扎瓦对赫梯的进攻也就此失败了。

比核武器更可怕的基因武器

基因武器是生物武器的发展趋势之一,基因重组和遗传工

程是它的核心内容。有人说，基
因武器是人类为自己掘下的坟
墓，而事实也的确如此。

　　核武器灭绝人类尚
需一定的爆炸当量，而基
因武器灭绝人类则完全
没有量的要求，只要有一
个人感染了某种超级病
毒或细菌，他可能会在被
发现之前传染给更多的人，当局面变得无法控制
时，人类将最终走向灭亡。

　　此外，基因武器不需要导弹和轰炸机运载，一个装有超级病
毒或细菌的瓶子就可能引发灾难。甚至一个国家遭到基因武器攻
击多年都还不会发觉，或者发觉后也无法判断攻击来自何方。

最早的现代生物战

　　最早进行生物武器研制的现代国家是德国。第一次世界大
战中，德军间谍携带生物制剂，秘密地赶到英法联军的骡马集中
地，在骡马饲料中撒入生物武器马鼻疽杆菌。

　　这次行动使几千匹骡马得病而死，极大地影响了英法联军
的军事行动。德军由此开创了生物战先例。

21

今天你看了吗?

圆珠笔：
风靡世界的书写工具

　　圆珠笔是数十年来风行世界的一种书写工具。它具有结构简单、携带方便、书写润滑等优点，因而各界人士都乐于使用。

　　最早出现"圆珠笔"这一名称是在1888年。一位名叫约翰·劳德的美国记者设计出了一种利用滚珠做笔尖的笔，但他未能将其制成便于人们使用的商品。

　　后来，英国、德国也有人设计制作过圆珠笔，但这些圆珠笔均因用途狭窄或性能差而未能流行开来。

　　1943年6月，匈牙利记者拉迪斯洛·比罗发明并生产了第一种商品化圆珠笔——Biro圆珠笔。英国政府购买

了这种专利圆珠笔的使用权，使得这种圆珠笔成为英国皇家空军机组人员的专用笔。除了比传统钢笔更坚固以外，圆珠笔的另一优点就是能够在低压的高空中使用，而传统的钢笔却会发生墨水溢出的现象。

1945年，头脑活络的美国芝加哥商人雷诺在重金邀人对旧式圆珠笔进行改进后，推出了新型圆珠笔。正好那时美国在日本投放了原子弹，雷诺就大做广告，把他的笔与原子弹相提并论，命名为原子笔。这种新型圆珠笔初次推出时便卖出了10000支，但它们的售价非常昂贵，高达10美元一支。

直到20世纪五六十年代，圆珠笔依然贵于钢笔，所以人们用完之后舍不得扔掉，还要到专门的笔店里加笔油后继续使用。到了70年代，由于批量生产，圆珠笔的价格一路下跌，成为平民也用得起的书写工具，并很快在全世界流行开来，仅日本一年就要消耗4亿支圆珠笔。

太空笔

太空笔是一种笔芯内做了加压处理的高品质圆珠笔，笔管内装的是一种特殊的黏性墨水。普通圆珠笔在太空中无法使用，而太空笔是专为宇航员设计的，可以在太空环境下使用。

普通圆珠笔依靠重力供给墨水，并且在笔芯上方有一个开口，使得空气能够替代用去的墨水。太空笔笔芯上方没有开口，从而避免了墨水的蒸发，也避免了墨水从笔芯后面泄漏。另外，太空笔的存放寿命长达100年，而普通圆珠笔的保质期平均只有两年。

可擦圆珠笔

20世纪80年代，一种可擦圆珠笔出现在市场上，它将亮彩色或黑色墨水的易读性同铅笔的可擦除功能结合在一起，风行一时。

可擦圆珠笔的与众不同之处是它的"墨水"——由液体橡胶

胶水而非油和染料制成。现代可擦圆珠笔能够在纸张上留下清晰、厚实的彩色或黑色书写轨迹，这些轨迹看起来与普通墨水写出来的差不多，却能够在书写后不久轻松擦除。但如果在纸张上的停留时间过长（超过10小时），轨迹就会硬化，变得不可擦除了。

小球珠大科技

据中国制笔协会介绍，包括笔芯在内，中国圆珠笔的年产量已达到400多亿支，是当之无愧的制笔大国。

但奇怪的是，中国却不是制笔强国。原来，笔头和墨水是圆珠笔的关键，仅笔头就分为笔尖上的球珠和球座体两部分。笔头上不仅有小球珠，里面还有五条引导墨水的沟槽，加工精度都要达到千分之一毫米的数量级，每一个小小的偏差都会影响笔头书写的流畅度和使用寿命。

我国目前还没有掌握生产球座体的核心技术，还得依靠进口才能解决生产问题，但随着科技创新的加强，这一问题正逐步得到解决。所以千万不要小看圆珠笔，里面同样蕴藏着高科技呢。

22

今天你看了吗?

方便面:
即食的美味

方便面又叫泡面,日本日清食品公司的创始人安藤百福研制并销售了全球第一袋方便面——袋装鸡汤拉面。

1948年,安藤创立中交总社食品公司,开始从事营养食品的研究。他利用高温、高压将炖熟的牛、鸡骨头中的浓汁抽出,制成了一种营养补剂。产品刚上市,就深得日本人的喜爱。营养补剂的生产,为日后方便面调料的研制奠定了基础。

天有不测风云,随后的一场变故使得安藤几乎赔光了所有的财产,不得不从零开始创业。这时生产方便面的想法不止一次地在他的脑海中闪现,从此,他开始了与方便面几十年的不解之缘。

1958年春天,安藤在大阪自家住宅的后院建了一间不足10平方米的简陋小屋,当作方便面研究室。他找来一台旧的制面机,买了一个直径1米的炒锅以及面粉、食用油等原料，一头扎进小屋，起早贪黑地开始了方便面问世前的种种实验。

有一次吃饭，安藤的夫人做了一道可口的油炸菜，安藤猛然间从中领悟了做方便面的一个诀窍：油炸。面是用水调和的，而在油炸过程中水分会散发，所以油炸面制食品的表层会有无数的洞眼，加入开水后，就像海绵吸水一样，面能够很快变软。如此一来，先将面条浸在汤汁中使之着味，然后油炸使之干燥，就制出了既能保存又可开水冲泡的方便面。这种做法被他称作"瞬间热油干燥法"。随后，他为方便面的制法申请了专利。

2000年日本的一个民意调查显示，方便面被认为是日本20世纪最重要的发明，卡拉OK次之。

据中国食品科学技术学会面制品分会统计，2011年中国国内方便面行业总产量为483.83亿包，销售额达到557.76亿元，中国已成为世界方便面第一大产销国。

方便面的鼻祖——伊面

伊面又称"伊府面"，是一种油炸的鸡蛋面，为中国著名面食之一，在民间经过各种改良，流传至世界各地。

由于伊面与现代的方便面有相似之处，所以又被称为"方便面的鼻祖"。

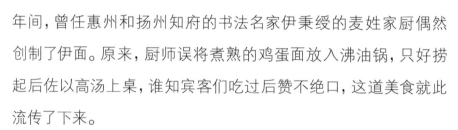

相传清朝乾隆年间，曾任惠州和扬州知府的书法名家伊秉绶的麦姓家厨偶然创制了伊面。原来，厨师误将煮熟的鸡蛋面放入沸油锅，只好捞起后佐以高汤上桌，谁知宾客们吃过后赞不绝口，这道美食就此流传了下来。

为西方人设计的杯面

安藤百福为了拓展海外商机，时常出国参加商品展览会。会场中，他看到不擅于使用筷子与泡面大碗的西方人干脆将干面分成两半，放进一次性纸杯中用热水一泡，就用叉子吃了起来。而在坐飞机时，安藤又注意到，飞机上为西方人准备的便餐中大多配有装着果仁点心的铝制杯子。这些所见所闻使他的脑海中浮现出要生产"杯面"的想法。

一天晚上，安藤突然灵感乍现，想出了将面条倒放，再从上面罩上杯子的点子，由此，历史上第一碗杯面就诞生了。

鸡汤拉面

世界上出售的第一包方便面是鸡汤拉面，它的问世还有一个有趣的故事。

有一天，安藤百福在家中杀鸡，鸡血溅到在一旁观看的儿子身上，从此以后，儿子不敢再吃任何鸡肉料理，唯独鸡骨汤料拉面却是百吃不厌。

于是，安藤决定将自己发明的方便面的首个汤料包定为鸡骨汤，并将其迅速推向市场。

23

今天你看了吗？

人造卫星：
把地球变成村庄

　　1957年10月4日，苏联宣布成功地把世界上第一颗绕地球运行的人造卫星送入了轨道。

　　这颗体积巨大的卫星重83千克，比美国准备在1958年初发射的卫星重8倍。这次飞行的总设计师是苏联著名的航空专家谢尔盖·帕夫洛维奇·科罗廖夫。

　　科罗廖夫一生贡献巨大，一般认为第一艘载人飞船、第一个月球探测器、第一个金星探测器、第一个火星探测器、第一次太空行走等工程均和科罗廖夫有关，可以说他就是苏联的"航天之父"。在他去世后，苏联政府把当时的城市加里宁格勒改名为科罗廖夫，以纪念这位伟大的航空专家。

　　1964年是人类通信史上的一个重要转折点，这年夏天，全世界成千上万的观众第一次通过电视收看由卫星转播的日本东京奥林匹克运动会实况。

　　这是人类有史以来第一次通过电视屏幕实时观看千里之外发生的事，人们除了感叹奥运会精彩壮观的开幕式和各种比赛外，更惊叹于科技的进步。而这一切都要归功于地球同步通信卫星。

　　通信卫星像一个国际信使，作为无线电通信中继站，收集来自地面的各种"信件"，然后"投递"到另一个地方的用户手里。

　　由于它"站"在36000千米的高空，所以它的"投递"覆盖面特别广，一颗卫星就可以负责三分之一地球表面的通信。如果在地球静止轨道上均匀地放置三颗通信卫星，便可以实现除南北极之外的全球通信。

从天而降的"天外来客"

"世界之大，无奇不有。"根据《吉尼斯中国纪录大全》记载，中国第一个被人造卫星碎片砸伤的人叫吴杰。人被卫星碎片砸伤的概率是亿万分之一，而这么小的概率竟然让吴杰碰上了。

2002年10月27日上午11时，陕西省丹凤县竹村关镇阳河村的吴杰在院外玩耍，不幸被从天而降的卫星碎片砸昏在地，小脚趾骨折。随后，村民们还在不同地方发现了19块从天上落下的金属碎片。专家说，砸伤吴杰的是人造卫星升入轨道后脱落的金属外壳。

功能强大的气象卫星

古时候，人们对于复杂多变的天气，最多只能凭借经验揣测。而气象卫星的出现，使人们得以掌握数日内的天气变化。我们在看天气预报时，主播背后的那幅卫星云图就是气象卫星的观测结果。

除了对地球天气与气候的观察外，气象卫星还能对太空天气如太阳表面的风暴做监测工作。当然，它还有其他功能，如提供渔场资源和土地资源的监测情报，提供洪涝、森林大火等灾害的监测情报，使各种天然资源开发与灾难救助达到事半功倍的效果。

并不友善的间谍卫星

间谍卫星又称"侦察卫星"，专门用于获取各类情报。

1990年初，美国间谍卫星拍摄到利比亚首都附近正在兴建一座神秘的工厂。

专家在反复分析照片后认为，这是一座化学武器工厂。许多国家知悉后，纷纷予以谴责，但是利比亚政府却否认此事。

没想到事隔不久，这座工厂竟然被一场无情的大火烧为灰烬。事后，利比亚国家元首发表声明，谴责美国间谍卫星和纵火间谍的破坏活动。

24

今天你看了吗？

炸药：
山崩地裂的能量

中国是最早发明火药的国家。火药是由古代炼丹家发明的，从战国至汉初，帝王贵族们沉醉于长生不老的幻想，驱使一些方士、道士炼"仙丹"，在炼制过程中逐渐形成了火药的配方。黑火药在晚唐时期正式出现，到了宋代，黑火药已经被用于战争，但它需要明火点燃，爆炸威力也不大，所以在军事上没有被广泛使用，而在民用方面，人们热衷于把火药用于烟花爆竹的制作，盛极至今。

19世纪60年代，瑞典化学家诺贝尔发明了威力巨大的黄色炸药，随后又发明了强度更大的多种炸药，被人们称为"炸药大王"。当然，也有人称他为"科学疯子"，因为研究炸药确实是一种疯狂的行为。

在诺贝尔发明黄色炸药之前，为了开凿铁路，工人们不得不费力用铁镐砸碎大石，往往累得半死却效率不高。虽然当时有一种叫硝化甘油的引爆物能毫不费劲地把一大块山石炸开，但是这种液体炸药并不稳定，很容易发生意外，很多人因此丧命，诺贝尔的弟弟就是受害者之一。

1863年9月3日，诺贝尔研制炸药的工厂突然发生了大爆炸，等他和父亲赶到现场时，厂房已经变为一片废墟，他们从残留的灰烬中扒出了弟弟艾米尔的尸体。

由于这次事故，政府和附近的村民都对工厂发出责难，诺贝尔不得不向朋友借了一条船在湖面上进行实验，寻求安全搬运炸药的方法。1866年，一次偶然的机会，诺贝尔发现硝化甘油可以被干燥的硅藻土吸附，这种固体混合物能够安全运输。经过反复的调配比例实验，他终于制成了黄色炸药 —— 一种固体的安全强力炸药。1867年，诺贝尔又发明了安全雷管引爆装置。从此，炸药不管是在使用还是运输方面都有了一定的安全保障。

C4塑胶炸药

C4塑胶炸药的主要成分是聚异丁烯，它是将火药与塑料混合制成的，外形像面团，可随意揉搓，制成各种形状。

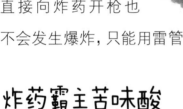

这种炸药不仅威力巨大，而且使用起来非常安全，即使直接向炸药开枪也不会发生爆炸，只能用雷管引爆。

炸药霸主苦味酸

苦味酸是破坏性最强的烈性炸药之一。1891年，日本工程师下濑雅允配制成功了以苦味酸为主要成分的烈性炸药，定名为下濑火药。1893年1月28日，日本海军正式开始换装填充下濑火药的炮弹。

这种炮弹具有一系列惊人的特性，炮弹的灵敏度极高，即使命中细小的绳索都能引发爆炸，而且爆炸后不仅会形成普通黑火药炮弹爆炸时引发的冲击波和炮弹碎片，还伴有中心温度高达上千摄氏度的大火，这么高的温度甚至能熔化钢铁呢！

火枪

世界上最早的火枪发明于中国宋代，但杀伤力不大，射程仅为5～10米。

到了清康熙年间，火枪已经发展得很成熟了，但在军事上依然未被重视。

在与俄国的雅克萨之战中，俄军自恃拥有扳机击式火绳枪这种步兵武器，负隅顽抗。最后，清军依靠远距离的大炮优势火力方才取胜。

而具讽刺意味的是，当清军把缴获的俄军火枪献给康熙皇帝时，康熙以不得中断祖宗所授的弓箭长矛传统为由，禁止清军使用这种新式火枪，仅留下两支供自己把玩。

今天你看了吗？

纸尿裤：
随时"解压"的畅快

纸尿裤被美国《时代》周刊评为20世纪最伟大的100项发明之一，它的方便性对于人们生活习惯的影响不亚于方便面。许多年轻的父母纷纷感叹："宁愿这世上没有方便面，也不能没有纸尿裤！"

据考证，人类诞生之初就有尿布的概念。那个时候婴儿用的是纯天然材质制成的尿布，比如某种植物叶子或是叠好的野草和苔藓。到了19世纪中叶，大量价格便宜的棉纺布问世，于是最初的真正的尿布诞生了。一些聪明的妈妈又往尿布里添加了苔藓和泥炭等吸水物质，这可能就是纸尿裤的创意之源。

纸尿裤的诞生和第二次世界大战息息相关，由于连年战争，棉花作为战略物资已相当匮乏，所以用棉花做主料的尿布在当时简直是奢侈品。为了解决这个问题，德国人发明了一种用木浆制成的纤维绵纸，这种绵纸质地柔软，又有很强的吸水性，可以代替传统尿布的功用。后来瑞典的一家公司把这种绵纸一张张折叠包装在纱布中，再放在婴儿的内裤中使用，很快，这种新型的抛弃型尿布就在各大医院、商店开始销售。但是因为成本很高，当时的售价非常昂贵！

在纸尿裤的发展史上，迈出实质性一步的是瑞典人鲍里斯特尔姆。1942年，他发明了两件式的纸尿裤，外层是塑料裤，内层是纸做成的吸收垫，虽然这种一次性的纸尿裤很容易破损，碎屑会粘满婴儿的屁股，但这毕竟是纸尿裤的雏形。

1961年，美国宝洁公司开发部经理米勒新添了一个可爱的小孙女，一家人换洗尿布的烦恼让他下定决心，在公司的实验室内组建了一个专门的"尿布研究小组"。在经过了无数次的尝试和改进之后，终于，一种吸水性能良好、穿戴舒适的纸尿裤诞生了。

环保纸尿裤

在纸尿裤的光辉历史背后，全球生态环境正做着一个噩梦。据统计，传统纸尿裤是北美垃圾填埋场的第三大"贡献者"。每天，大约有5000万条纸尿裤被丢弃！纸尿裤里包含的尿液和粪便还会渗漏并污染地下水系统。

近10年来，人们已经开始致力于研究绿色环保的纸尿裤。例如有一项创意是：在纸尿裤里塞上一个可降解的内芯。当纸尿裤粘上了粪便，你可以把它直接扔进马桶冲掉；如果婴儿只是尿湿了，你可以把纸尿裤扔到花园里当肥料，它在几个月内就会完全降解。

穿纸尿裤的太空人

对于纸尿裤的诞生，除了婴儿及其父母，最高兴的应该就是宇航员了。

1961年5月5日，美国宇航员艾伦·谢泼德坐在"自由7号"飞船内整装待发，由于点火升空时间一再延迟，谢泼德不得不尿在了太空服里。

到了20世纪80年代，"太空服之父"美籍华人唐鑫源，为了解决太空人的排尿问题，发明了由高分子吸收材料制成的成人纸尿裤，这种纸尿裤能吸收1400毫升的尿液。这样一来，太空人的"难言之隐"就轻松解决了。

美军单兵作战装备

驻扎在沙漠地区的美军，在单兵作战装备中，除了单兵武器以及标准配置的防弹背心、单兵用望远镜、瞄准镜、夜视仪和电池外，还有纸尿裤。

难道这是怕士兵们潜伏时暴露目标，让他们穿在身上的吗？

事实是，这些纸尿裤不是给人穿的，而是给枪穿的。原来，在沙漠地区，沙砾像爽身粉一样细，美军士兵将纸尿裤套在枪口上，就可以防止细沙堵塞枪管了。

26

今天你看了吗？

高速铁路：
缩短城与城之间的距离

　　火车是人类发明的重要的公共交通工具，19世纪初期便在英国出现。在汽车出现之前，火车一直是陆上运输的主力。但在20世纪前期，火车最高时速超过200千米者寥寥无几。

　　1959年4月5日，世界上第一条真正意义上的高速铁路——东海道新干线在日本破土动工，经过5年建设，于1964年10月1日正式通车。列车由川崎重工建造，行驶在东京—名古屋—京都—大阪之间，运行时速达到210千米。这条铁路把从东京至大阪间的行驶时间由6个半小时缩短到了3小时。

　　这条高速铁路代表了当时世界第一流的高速铁路技术水平，也标志着世界高速铁路由试验阶段跨入了商业运营阶段。

虽然日本新干线的速度优势不久之后就被法国的TGV超过，但是新干线拥有目前世界上最为成熟的高速铁路商业运行经验——近40年没有出过任何事故。而且新干线修建之后对于日本经济的拉动也是引发世界高速铁路建设狂潮的原因之一。

2008年8月1日，中国第一条真正意义上的高速铁路——京津城际铁路问世了，它一诞生就站在了世界科技的最前沿，创造了运营速度、运量、节能环保、舒适度四个世界第一。

目前，中国已成为世界上高速铁路发展最快、系统技术最全、集成能力最强、运营里程最长、运营速度最高、在建规模最大的国家。

艾雪德高铁事故

1991年6月2日，德国高速铁路在惊叹和赞许声中开始运行，最高250千米的时速，令德国人为之自豪。这条代表着高科技的铁路运营了7年，无一例死亡事故。

然而，不幸还是发生了。1998年6月3日上午，一辆运载287人的城际特快列车从慕尼黑开往汉堡，在途经小镇艾雪德附近时因为轮毂突然爆裂而脱轨。

180秒内，时速200千米的火车冲向树丛和桥梁，300吨重的双线路桥被撞得完全坍塌。这次事故造成101人死亡，遇难者中有两名儿童。

真空管道磁悬浮列车

未来乘坐高铁从中国北京到美国华盛顿只需2小时，你相信吗？这可是科学家们今后努力的目标：真空管道磁悬浮列车。

这是一种最低时速4000千米，

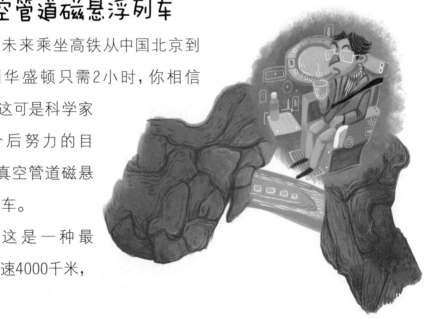

理论时速可达2万千米，能耗不到民航客机的十分之一，噪音、废气污染及事故率接近于零的新型交通工具。

简而言之，就是建造一条与外部空气隔绝的管道，将管内抽为真空后，在其中运行磁悬浮列车等交通工具。由于没有空气摩擦的阻碍，列车将以令人瞠目结舌的速度运行。

或许在不久的将来，不管你想去往世界的哪个角落，都可以转眼即到了呢!

野猪撞上"欧洲之星"

"欧洲之星"是欧洲首列国际高速列车，在欧洲的交通运输方面发挥了极其重要的作用。

但2007年冬天，一头外出觅食的野猪却让这条重要的线路中断了数个小时。意外发生在法国北部靠近里尔的高速铁路上，一列从法国尼斯开往比利时布鲁塞尔的"欧洲之星"撞到了一头野猪，致使该班列车延误3小时50分钟，另外34班高速列车也因为该事故的影响而延误。

27

今天你看了吗?

手机:
走遍世界的"旅行者"

很多人都希望自己有朝一日能环游世界,但目前还没有人真正地走遍世界的每个角落。可你知道吗? 有一个"旅行者"真的做到了,它就是手机!

40多年前,摩托罗拉公司的马丁·库帕带领研究团队制造出了史上第一个手机,他用这个手机打了个电话给贝尔实验室的负责人尤尔·恩格尔:"尤尔,我是马丁,我在用手机跟你打电话,一个真正的便携手持电话。"

不过那一头没人说话,这不是因为手机坏了,而是尤尔惊讶得说不出话来啦! 可想而知,"手机之父"的这番炫耀,可是把竞争对手气得不轻呢!

手机是我们形影不离的好朋友,在 21 世纪的今天,它几

乎征服了整个世界。手机利用自己的平易近人积攒了超高的人气，成了拥有不计其数的粉丝的"世界超级巨星"。

　　手机刚刚问世的时候，它的个头可大得很呢，就像一块大砖头。也正是因为它的"体形"庞大，所以它还有个霸气的名字——大哥大。当时能拿着大哥大在街头打电话，那可是一件很酷的事呢！

　　随着科技的不断发展，手机也不断地更新换代。从2000年摩托罗拉生产出世界上第一部智能手机开始，手机就像踩着风火轮一般迅猛发展，现在它可不止能打电话、发短信，它还要抢电脑的生意呢！

　　你看，现在的手机不仅能用来听音乐、看视频、玩游戏，还能上网，手机支付更是成为时尚新宠。手机的功能真可谓是一应俱全，简直就像一台移动电脑。而且，比起电脑的大块头，手机的小巧更能俘获用户的心。看来，手机的"野心"还真不小呢！

160字短信的秘密

细心的你肯定会发现，手机短信通常都不超过160字，可你知道这是为什么吗？其实，在这160字短信的背后还有一个小故事呢。

时间倒流到20世纪80年代的一天，短信技术的主要发明人希勒布兰德正坐在一台打字机面前打字。当他完成打字并开始检查字符数时，他发现这些信息每条都只有1～2行的长度，而总字符数也总是小于160个。

就这样，"160"成了对希勒布兰德而言颇具魔力的数字，他也据此确立了今天手机短信的字符数限制。

手机的"温柔陷阱"

手机的普及以及它日益强大的功能使它逐渐成为我们生活中不可或缺的部分，不管是在公交车上，还是在大街小巷里，你都能看到正在使用手机的人。德国的一项调查表明，人一天内会看手机八九十次。

手机在给我们带来方便与快乐的同时，也给我们设下了一个"温柔的陷阱"。有的人沉迷于手机的世界无法自拔，脱离了正常的生活轨道。你可要好好提防手机，千万不要让手机将你"俘虏"哦。

"懒人手机"

不习惯手机的复杂菜单？有时懒到连手指头都不想动一动？对于"懒人"们来说，解决这些问题将不再是梦想。未来手机的魅力绝对是无限的，因为它将彻底把"手动"变成"嘴动"，这就是所谓的全声控手机。它不需要按键，也不用触摸屏幕，只用声音即可控制全局。通过声音浏览器，你可以随意地"发号施令"，手机就像一个听话的管家，随时满足你的各种要求。

怎么样，你是不是也很期待这样的"懒人手机"呢？

28

今天你看了吗？

冰箱：
夏日里的"避暑胜地"

　　冰箱是一种保持恒定低温的制冷设备，能使食物或其他物品保持低温状态。1910年，世界上第一台压缩式制冷的家用冰箱在美国问世；1925年，瑞典丽都公司开发了家用吸收式冰箱；1927年，美国通用电气公司研制出全封闭式冰箱；1931年，新型制冷剂氟利昂研制成功，从此冰箱业进入突飞猛进的发展阶段。

　　现在，因氟利昂会破坏大气臭氧层，氟利昂冰箱被逐渐淘汰。很多厂家开始用R-134a作制冷剂，生产环保型冰箱。

　　其实，人类从很早的时候就已经懂得，在较低的温度下保存食品不容易腐败。公元前2000多年，西亚幼发拉底河和底格里斯河流域的居民就已开始在坑内堆垒冰块以冷藏肉类。中国在商代就开始用冰块制冷保存食品了。在欧洲中世纪，

许多国家还出现过把冰块放在特制的水柜或石柜内以保存食品的原始冰箱。直到19世纪50年代，美国还有这种冰箱出售。

17世纪中期，"冰箱"这个词开始出现在美国人的语言中。随着城市的发展，冰的买卖也逐渐发展起来。冰渐渐地被旅馆、酒店、医院以及一些有眼光的城市商人用于肉、鱼和黄油的保鲜。

1873年，德国化学家、工程师卡尔·冯·林德发明了以氨为制冷剂的冷冻机。林德首先将他的发明用于威斯巴登市的塞杜马尔酿酒厂，设计制造了一台工业用冰箱。后来，他将工业用冰箱加以改进，使之小型化，于1879年制造出了世界上第一台人工制冷的家用冰箱。这种蒸汽动力的冰箱很快就投入了生产，到1891年时，已在德国和美国售出了约12000台。

臭氧层杀手氟利昂

氟利昂常被用作冰箱中的制冷剂，随着人们对冰箱需求量的增大，大量氟利昂被排放到空气中。氟利昂在大气中的平均寿命达数百年，对臭氧层的破坏性很强，已经出现了很多臭氧层空洞。

臭氧层可以保护地球表面不受太阳光中的短波紫外线的伤害，它被破坏后将会影响生物圈的安全，会使人类皮肤癌患者增多，使植物生长受阻，还会使海洋中的浮游生物死亡，相应的，以这些浮游生物为食的海洋生物也会相继死亡。

温室效应的加剧者

氟利昂在大气中浓度增加的另一个危害是导致温室效应加剧，氟利昂的温室效应是二氧化碳的数千倍。温室效应会使地球表面的温度上升，引起全球性气候反常。

如果地球表面温度升高的速度继续加快，科学家预测：到

2050年，全球温度将上升2～4℃，南北两极的冰川将大幅度融化，导致海平面上升，使一些岛屿国家和沿海城市淹没于海水之中，其中甚至包括东京、纽约、悉尼和上海这样的国际大都市。

未来冰箱

如果家中有一款冰箱能像闹钟一样在做晚饭时提醒你"冰箱里还有两个鸡蛋快过期了，建议晚饭可以来个西红柿炒鸡蛋"，你是不是会觉得很神奇？英国科学家就设计出了这样一款可以为你安排晚餐的未来冰箱。这款全新的未来冰箱会根据食材散发出的气味来判断它是不是新鲜，而后会把不新鲜的食材调动到距离冰箱门最近的地方，提醒主人"该吃它了"。

除此之外，科学家预言，未来的冰箱还可以与超市联网，当冰箱内某种食物储量不足时，自动通知超市送货上门。

29 拉链:
穿脱大奇迹

　　对拉链的需求,最初来自于人们穿的长筒靴。19世纪中期,长筒靴很流行,因为它特别适合在泥泞或有牛马排泄物的道路上行走,但缺点是它的铁钩式纽扣多达20余个,穿脱极为费时,为了免去穿脱长筒靴的麻烦,人们甚至甘愿一整天都穿着它不脱下来。后来,人们试图用带、钩和环等配件取代铁钩式纽扣,于是开始进行研制拉链的试验。终于,在1851年,美国人伊莱亚斯·豪申请了一项类似拉链设计的专利,在一定程度上解决了穿脱长筒靴的麻烦。

　　1893 年,一个名叫贾德森的美国机械工程师研制出了一个滑动锁紧装置,并获得了专利,这是拉链的雏形,但这一发明并没有很快流行起来。

　　1902年,一家原来生产纽扣和花边的企业买下了这项专利,注册了"扣必妥"商标,开始生产装在鞋上的拉链。但这家"吃螃蟹"的公司很快就走上了毁灭之路,

生产的"扣必妥"不是拉不上，就是打不开，有时又突然崩开，令消费者尴尬万分。

1913年，瑞典裔美国工程师吉德昂·桑巴克改进了这一装置的设计，把金属锁齿附在一个灵活的轴上，只有滑动器滑动使齿张开时才能拉开，这才使其变成了一种可靠的商品。

"拉链"这个名称是在1926年才出现的。据说，一位名叫弗朗科的小说家，在一次推广拉链样品的工商界午餐会上说："一拉，它就开了！再一拉，它就关了！"这话十分简明地说明了拉链的特点，于是人们就开始把这种产品称为"拉链"。

从当初代替靴子上的纽扣，到今天的广泛使用，拉链以它顽强的生命力和方便性成就了一个奇迹。

贾德森的灵感来源

一天，美国机械工程师贾德森到一家铁器店购买饭勺，他发现这家店铺的铁勺挂得整齐巧妙：一根被架在水平位置的钢筋棍上吊着上、下两行铁勺，上面的一行是由钢筋棍直接穿过勺柄孔，而下面的一行是勺柄朝下，通过勺的凹处与上面一行咬合在一起的。

这一发现给贾德森带来了意外的收获，紧紧咬合在一起的两行铁勺成了他设想中的拉链雏形，他根据这种咬合原理设计出了拉链装置。

空难拯救拉链的命运

拉链被发明之后，并未立即得到广泛使用。但在遭到市场冷遇后不久，巴黎协和广场上空发生了一起飞行表演的意外坠机事件，这给拉链带来了新的契机。原来，事故调查小组仔细分析取证后发现，是飞行员上衣掉落的一颗纽扣滚进了飞机发动机，才引起了事故。惨痛的代价使法国国防部下达了不准在飞行服装上钉纽扣的命令，欧美各国纷纷仿效。拉链就这样被适时地推上了历史舞台。

拉链与军装

拉链最先应用于军装。第一次世界大战爆发后，美国军方人士意识到，在军服上装拉链可以提高军人的穿衣速度，于是他们在陆军军服的口袋和裤子的前口处试装拉链。此举大受前线将士的欢迎，1917年生产的2.4万件拉链军服立即销售一空。

1918年，美国军方又在空军的飞行服上缝上了拉链，经过比较，使用装有拉链的飞行服后，飞行员作战的反应速度有了很大的提高。

可以说，正是在战争中的广泛应用，使得拉链获得了空前的推广和普及。

30

今天你看了吗？

啤酒：
可口的"液体面包"

　　啤酒是人类最古老的酒精饮料，它在世界饮料消费量的排行榜上名列第三。炎炎夏日，没有比喝一口冰爽的啤酒更惬意的事情了！啤酒还因其丰富的营养而被称作"液体面包"。

　　啤酒的起源与谷物密切相关。人类使用谷物制造酒类饮料已有8000多年的历史。记载啤酒的历史文献也可以追溯到公元前6000年的古巴比伦。公元前4000年，美索不达米亚地区的苏美人已经可以酿造16种口味的啤酒。此外，当时苏美神话中也有一位掌管酿酒的女神宁卡丝，人们甚至为她写了一首《宁卡丝的赞歌》，内容主要描述的就是啤酒的制作方法。

　　公元前1300年左右，埃及的啤酒酿造业作为国家管理下的优秀产业得到了高度

发展。拿破仑的埃及远征军在埃及发现的罗塞塔石碑上的象形文字表明，在公元前196年左右，当地已盛行啤酒酒宴。

由于战争因素，啤酒的酿造技术由埃及通过希腊传到西欧。到了1881年，E.汉森发明了酵母纯粹培养法，啤酒的酿造开始从神秘化和经验主义走向科学化。

说到啤酒，不得不提的就是比利时，它是名副其实的世界第一啤酒大国，不仅酿造工艺精湛，而且历史悠久，拥有众多知名啤酒品牌。比利时目前有啤酒厂140多家，每家都有自己独特的酿造方法与风格。

在中国北方具有5000年历史的米家崖考古遗址现场，专家们发现在一些陶制漏斗和广口陶罐中有黄色残

留物，与啤酒的发酵成分很相似，包括黍米、大麦、薏米和块茎作物。但这种酒类远没有白酒、米酒的流行度，中国在20世纪初才引入啤酒，而且中国年人均啤酒消费量约为35.14升，与欧美平均80升的消费水平还是相差较远。

古埃及典藏啤酒

这恐怕是世界上最为独特的啤酒了,它是依据从古埃及王后纳芙蒂蒂的神庙中发现的处方酿制而成的,原料取自于一种古老的小麦。

据说这种啤酒仅存1000瓶,销往英国的第一瓶价格高达7200美元。

不可替代的啤酒花

啤酒花是酿造啤酒时不可缺少的成分,它使啤酒具有清爽的芳香气息。

由于啤酒花具有天然的防腐性,所以啤酒无须另外添加对人体不利的防腐剂。优良的啤酒花和麦芽,能使啤酒产生洁白、细腻、丰富且挂杯持久的泡沫。而在麦汁煮沸的过程中,由于啤酒花的添加,可将麦汁中的蛋白络合析出，从而起到澄清麦汁的作用，酿造出清纯的啤酒。

啤酒的妙用

啤酒的酒精度低，营养价值高，素有"液体面包"之称，具有消暑解热、帮助消化、开胃健脾、增进食欲等功效。常饮啤酒，特别是黑啤酒，可降低动脉硬化和白内障的发病率，还可预防心脏病。所以适量饮用啤酒可是对身体很有好处的呢!

啤酒还有许多妙用。喝剩的啤酒可用来清除煤气灶上的污垢。啤酒中的糖分能分解油污，因此用抹布蘸上啤酒来擦拭，就能迅速去污。而擦拭后，啤酒残留的独特气味约10分钟后就会消失。

爱美人士可试试用啤酒来洗头。用啤酒洗头时，先将头发洗净、擦干，再将啤酒均匀地抹在头发上，用手轻轻按摩，使啤酒渗透头发根部。15分钟后用清水洗净头发，再用木梳或牛角梳梳顺头发。啤酒中的营养成分对防止头发干枯脱落有良好的效果，还可以使头发柔顺亮泽。

31

加特林机枪：
一夫当关，万夫莫开

加特林机枪是第一支实用化的机枪，由美国人理查·乔登·加特林于1861年开始设计，后又经过了多次改进。加特林机枪可以说是当时威力最大的枪，它的工作原理决定了它具有连发射击、火力威猛等优点。

19世纪末，加特林机枪是欧洲各国控制和扩张殖民地的重要武器。经过改进后的加特林机枪，射速最高曾达到每分钟1200发，这在1882年是个惊人的数字。

但加特林机枪也存在重量大、机动性差等缺点。它的最大弱点是射手在战场上由于激动和长时间作战而不能控制自己，会发疯似的把手柄转动得越来越快，造成机枪卡壳或爆膛。

从1884年起，采用管退式、导气式、自由枪机式和

半自由枪机式等原理设计的自动
武器陆续出现，加特林机枪的优势不
复存在。

　　1903年，理查·乔登·加特林逝世，加特
林机枪也基本从军队中消失，世界上大部分
军队转而使用自动武器，如马克沁机枪等。许
多加特林机枪被当作废铜烂铁彻底销毁，另一些则湮没
在积满灰尘的仓库中，或被放在博物馆、私人收藏馆中
进行展览。

　　加特林机枪退休的原因很简单：一是加特林机枪
需要4个人操作，而马克沁机枪只需要1个人便可以操
作；二是虽然每分钟200～400发的射速已经很快，但马
克沁机枪的射速可达每分钟600发；三是万一加特林机
枪在战斗中卡壳，处理起来十分困难，而其他机枪在这
方面处理得很好。

以爱之名发明的杀人武器

1861年，美国南北战争爆发后，加特林在一家军队医院服役。一次，他在医治伤员时，脑子里突然闪过一个念头：假如少数士兵使用速射武器，能够对付一个步兵团，那么我方就不会有这么大的伤亡了。于是，加特林开始了多管机枪的设计，并最终制成了威名远播的加特林机枪。

加特林研制这款机枪的目的绝非为了暴力和毁灭，而只是希望这种武器能减少己方的伤亡。

"火神"加特林 M134 机枪

20世纪50年代，美国通用电气公司在加特林机枪的基础上改进研制出M134转管机枪，其射速高达每分钟6000发，几乎是普通机枪的10倍。由于猛烈的火力与超凡的射速，这款机枪又被称为"火神"。尤为难得的是，这款机枪并不比普通机枪重多少，只有16千克左右。

加特林M134机枪性能优异，可靠性高，火力强大且又不失精度，因此在许多战争电影中都可以看见它的身影。

清军与加特林机枪

1873年，李鸿章任直隶总督时曾大量购买了加特林机枪，当时称其为"格林快炮"。

1881年，金陵制造局仿制成功11毫米口径的加特林机枪，称"十门连珠格林炮"。十门连珠格林炮在中法战争中发挥了重要作用，从而得到了清政府的重视。

在中日甲午战争爆发之前，清军已装备了一定数量的加特林机枪，北洋水师的一些军舰也安装了这款机枪，近战火力得到了增强。这些枪在中日甲午海战中发挥了很大的作用。

32

今天你看了吗？

激光武器：
弹无虚发

1960年7月7日，美国物理学家梅曼成功制造出世界上第一台红宝石激光器，他将闪光灯的光线照射进一根手指大小的特殊红宝石晶体，结果产生了一条相当集中的纤细红色光柱（激光），这一成果震惊了全世界。

20世纪80年代，在激光器的基础上，美国军方研制出了激光武器，它是一种利用高能激光对远距离目标进行精准射击的武器，具有快速、灵活、精确和抗电磁干扰等优异性能。

因为激光武器的速度是光速，所以在使用时一般不需要计算提前量。激光武器打击的面积很小，但可以击中目标的关键部位，对其造成毁灭性的破坏。这和惊天动地的核武器相比，完全是两种风格。

激光武器的突出优点是反应时间短，可拦击突然发现的低空目标，还能迅速变换射击对象，灵活地对付多

个目标。激光武器的缺点是不能全天候作战，受限于大雾、大雪、大雨，而且激光发射系统属精密光学系统，在战场上的生存能力有待考验。

激光武器大致分为三类：一是致盲型，可烧伤敌人的视网膜，使其暂时甚至永久失明，还可使观测仪器失效、光学跟踪制导系统失控、光学侦察卫星失效等，并可对人产生强烈的心理威胁和震慑。二是近距离战术型，可用来击落导弹和飞机。三是远距离战略型，这类激光武器的研制困难最大，但一旦研制成功，作用也最大，它可以反卫星、反洲际弹道导弹，成为最先进的防御武器。

鉴于激光武器的重要作用和地位，美、俄、以色列和其他一些发达国家都投入了巨额资金，制订了宏大的计划，组织了庞大的科研队伍，开发激光武器。

出场费极低的"杀手"

目前各国在防空武器方面，使用的主体是导弹。激光武器与之相比，消耗费用要便宜得多。

例如，发射一枚"爱国者"导弹要耗费60万～70万美元，发射

一枚短程"毒刺"导弹要耗费2万美元，而激光发射一次仅需数千美元。今后随着技术的发展，激光发射一次的费用甚至可降至数百美元。

点杀系统ATL

2009年6月13日，美国军方进行了首次激光发射试验。一架装载ATL（先进战术激光）系统的飞机从科特兰德空军基地起飞，在飞越白沙导弹靶场时，向地面发射了高能激光波

束，成功命中位于地面的目标。

ATL飞机是由美国国防部和波音公司联合研发的配备机载战术激光系统的飞机。

这一由飞机搭载的高能激光武器可以从空中对敌方目标实施精准打击，特别是在人员密集的城市街区内，可以最小的误差甚至零误差，损坏、摧毁既定目标，或者使目标完全失去反击能力。有了这种"点杀"本领，就可以最大限度地避免平民伤亡。

灵巧炸弹

"冷战"期间，西方国家为抵消苏联在坦克、装甲车、飞机等武器装备上的数量优势，非常重视发展精确制导武器。

1972年，美国在战争中大量使用激光制导炸弹，作战效能约比无制导武器高百倍，西方称这种炸弹为"灵巧炸弹"。

美国装备的激光制导炸弹，命中目标的偏差均已减小到2米左右，1981年装备的"铜斑蛇"激光制导反坦克炮弹，最大射程17千米，直接命中率达80%以上。

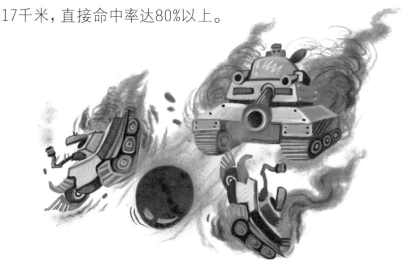

33

自动取款机: 想说爱你不容易

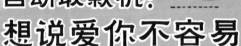

人们公认的现代意义上的自动取款机的发明者是英国人谢泼德·巴伦。

20世纪60年代中期,谢泼德是德拉路仪器公司的经理。有一天,他在洗澡时突发灵感:"我常常因为去银行取不到钱而恼火,为什么不设计一种24小时都能取到钱的机器呢?"

几天后,他找到英国巴克莱银行的总经理,让对方给他90秒的时间来听他介绍这个主意,结果对方在第85秒就给了答复:"只要你能把这种机器造出来,我们马上订购。"

一年后,谢泼德真的将自己的想法变成了现实。

1967年6月27日，世界上第一台自动取款机在伦敦的巴克莱银行分行亮相。最初，顾客从自动取款机中一次只能取10英镑，因为当时10英镑已足够一个普通家庭维持周末了。

如今，自动取款机的发展速度惊人，大街小巷随处可见，人们只需要一张薄薄的卡片和自己设置的密码就能随时随地取钱，当然，前提是你的存款还有足够的余额。

截至目前，全世界范围内自动取款机与银行机构的比例达到了4:1，美国海军甚至将自动取款机装到了军舰上。

20世纪80年代中期，中国银行为了提升银行现代化形象，开始引进自动取款机。1986年，第一台自动取款机在中国银行珠海分行投放使用。30年后的今天，已有超过50万台自动取款机在我国投入使用，给亿万民众带来了无与伦比的便捷服务。

要用自动取款机得先看广告

2012年3月，澳大利亚实施了一种新的办法：让人们在取款前先观看自动取款机播放的一则广告来充抵手续费。独特的创意一时引起了不小的反响。

其实这个创意最先出现在美国。2011年，美国一家公司推出一项规定：用户只需要在自动取款机上观看时长最多30秒钟的广告，随后就可以完全免费地使用取款机取钱。

这个方法颇受当地民众欢迎，受到美国的启发，澳大利亚也将这种方法进行了推广。

真假自动取款机

世界上不仅有人制造假币，现在还有人制造假自动取款机。

当持卡人在假自动取款机上插卡并输入密码时，假取款机会提示无法服务，但此时假机中的电脑系统已经套取到持卡人银行卡的账户和密码，而持卡人并无察觉。

事后，骗子便将套取到的信息拷贝复制，制作成银行卡，到银行网点套现。

看来，随着科技的发展，骗子也越来越"聪明"，骗术越来越"高科技"，真该引起大家的警惕!

"喝醉"的自动取款机

人喝多了酒会吐，自动取款机也会"吐"，只不过它"吐"的是钱。2010年7月28日，在美国拉斯维加斯举行的一年一度的"黑帽"黑客会议上，一名黑客将2台自动取款机搬到了会场上。他刚一执行破解程序，自动取款机便不断"吐"出钞票，钞票几乎在地上堆成了一座小山!

这段"取款机破解表演"堪称2010年"黑帽"黑客会议上最为轰动的事件。但现实中这样做可是犯法的哦!

34

今天你看了吗?

互联网：
"网"罗天下的气场

　　如今，我们的生活正在被一张无形的大"网"包围，而我们，都是"网"里的小鱼。没错，这张大"网"就是互联网。互联网起步于1969年的美国，它是由无数个小的网络，通过一定的技术方法，串联成的庞大网络。有了互联网，整个世界都"变小"了。因为不管我们相隔多远，都会被一"网"打尽。

　　互联网有不少"特异功能"，它是一架真正的"时空穿梭机"。你一定有顶着炎炎烈日参加各种培训班的经历吧？热得大汗淋漓不说，在路上也浪费了不少时间。幸运的是，现在有很多培训机构开设了网络培训课程。我们可以足不出户，让互联网发挥神奇的空间挪移功能，把老师"送"到电脑屏幕上，哪怕有些老师身在大洋彼岸也没有关系！

　　另外，你还在为学习太忙，错过了心爱的动画片而伤心吗？那就让互联网的时空穿梭功能施展魔法吧: 在视频网站上, 你可以在任何时候点击想要看的节目, 一饱眼福。相信在不久的将来, 这架"时空穿梭机"会变得更加神奇, 更加丰富多彩!

据权威机构统计, 到2015年6月, 中国网民总人数已经达到了6.68亿。也就是说, 全国有几乎一半的人都在上网。不过, 当你坐在电脑前, 并不一定知道电脑那头和你聊天的是什么人, 因为"在互联网上, 没人知道你是一条狗" —— 这是1993年7月5日美国《纽约客》杂志上刊登的一则漫画的解说语。漫画中有两条狗: 一条狗一边上网, 一边对另一条狗说出了上面这句话。后来这则漫画被反复转载, 它的创作者因此得到了超过5万美元的稿费。可以说, 这则漫画形象地体现了网民身份的隐蔽性。

近年来, 网络逐渐推行实名认证, 也就是网民必须要登记自己的真实身份, 这样一来, 大家再不能戴着面具畅所欲言。虽然这个做法尚有争议, 但也使人们明白, 网络虽然是个虚拟的世界, 但我们也要为自己的言论负责。

你患网瘾了吗

　　网瘾又称"网络过度使用症"。得了这种病的人长时间沉迷于网络，对别的事情没有过多的兴趣，渐渐地就会脱离真实的社会，同时身体也会发出健康警报。

　　专家认定，"一个人平均每天因非工作学习目的连续上网超过6小时"就患上了网瘾。如果以此为最主要的判断标准，那么，你患网瘾了吗？

"特洛伊咖啡壶"的故事

　　以前，英国剑桥大学的计算机科学家们在工作时，常常需要下两层楼，去看看咖啡间里的咖啡煮好了没有。令他们感到痛苦的是，他们不得不上上下下爬许多趟楼梯，才能凑到咖啡煮好的最佳时间。

　　为了解决这个问题，1991年，他们通过网络技术，建立了"咖啡壶"网站。有了这个网站，他们只需要坐在电脑前，就能把咖啡壶的工作状况了解得一清二楚。

但谁也没料到，这个不经意的举动，居然会在全世界产生如此大的影响。"咖啡壶"网站成了世界上最早的直播网站之一，网络爱好者把这个咖啡壶亲切地称为"特洛伊咖啡壶"。"咖啡壶"网站最初是每分钟更新三次，后来逐渐提高到每秒钟更新一次。最高峰时，全世界有近240万用户点击进入"咖啡壶"网站，观看这个咖啡壶的工作过程。

黑客中的白客和骇客

　　"黑客"一词是英文hacker的音译，泛指精通计算机技术的人。但黑客中也有两大阵营——白客和骇客。

　　白客是指从事正当行业的黑客，这个名词始于新加坡。他们有很强的求知欲和征服欲，会尽最大努力清扫一切"拦路虎"。可以说，今天的互联网能够正常运转，离不开白客们的努力。

　　可还有一些人，虽然计算机水平高超，但专门以恶意侵入他人电脑和破坏网络安全为目的，这些人被称为"骇客"。他们就像网络世界中的恐怖分子，给人们带来巨大的经济和精神损失。

35

今天你看了吗?

电子邮件:
不贴邮票送全球

电子邮件(Email)也被大家亲昵地称为"伊妹儿",是一种用电子手段进行通信的方式,是互联网应用最广的服务。只要有网络,用户就可以通过电子邮件与他人通信联络,而且电子邮件的传递速度非常快,几秒钟之内就可以发送到世界上任何指定的目的地。

在中国,仅网易邮箱的有效用户数就已经超过8亿,人们已经无法想象没有电子邮件的世界。美国的一家研究机构调查了人们对电子邮件的依赖度,统计结果惊人:近20%的美国小企业经理人,即便在卫生间,也会"忙"里偷闲地阅读他们的电子邮件;有67%的受访者换上睡衣后仍会收发电子邮件;而15%的人在教堂里还不放弃阅

读电子邮件。

1968年，美国BBN公司受命组建阿帕网，这个由美国国防部出资组建的网络，正是互联网的前身。

当时，BBN的科学家们在不同的地方做着不同的工作，不能很好地分享各自的研究成果，他们迫切需要一种能够借助网络在不同的计算机之间传送数据的方法。于是，阿帕网诞生了。

1971年，BBN的科学家们研制出了一套新程序，它可以通过电脑网络发送和接收信息，这就是电子邮件的前身。

在20世纪70年代，电子邮件并没有走俏，只有少数人使用，到了80年代中期以后，随着互联网的发展，电子邮件开始成为网民的"新宠"。在著名的微软公司，电子邮件几乎撑起了它办公事务的半边天。

进入21世纪以来，世界上已经没有人怀疑，互联网的发明和发展开辟了信息时代的新纪元。人们已经不能想象，在如今这样一个科技高速发展的时代，如果没有网络，没有电子邮件，我们的生活与工作将会变成怎样糟糕的状态。

中国第一封电子邮件

1987年9月20日，中国第一封电子邮件在中国兵器工业计算机应用技术研究所发送完成，邮件使用了英文和德文两种文字，内容是"越过长城，走向世界"。

德国大学的服务器顺利收到了这封本该在一周前收到的邮件，并转发到了国际互联网上，中国互联网在国际上的第一个声音就此发出。

后来据有关方面粗略估算，这封电子邮件耗费了人民币40～50元。

世界上第一封垃圾邮件

一般来说，向没有同意接收的用户发送的广告、文章、资料或含虚假信息等的电子邮件都可称为垃圾邮件。垃圾邮件令每一个人反感，但它却是一个每天发送1200亿封邮件的产业，并开启了一个1400亿美元的反垃圾邮件市场。

垃圾邮件的目的只有一个：获利。世界上第一封垃圾邮件的产生也是出于这个目的。

1978年，美国DEC公司的一名销售人员为了推销他们公司的新型计算机模型，将一封带有广告性质的垃圾邮件发送给了393位接收人。

当时，收到邮件的所有人表情不一：有的震惊，有的感到不可思议，有的觉得哭笑不得……

邮件病毒

邮件病毒其实和普通的电脑病毒一样，只不过由于它们主要通过电子邮件传播，所以才被称为"邮件病毒"。

它们通常会使你的电脑染毒瘫痪、硬盘数据被清空、网络连接被掐断，它们甚至会把你的机器变成毒源，开始传染给其他电脑。

世界上最著名的邮件病毒是"爱虫"病毒，它最初是通过邮件传播的，邮件标题通常会说，"这是一封来自您的暗恋者的表白信"。据媒体估计，"爱虫"病毒已经造成了大约100亿美元的损失。

36

今天你看了吗?

摩天大楼：
高处不胜寒

摩天大楼又称"超高层大楼"，起初为一二十层的建筑，现在通常指超过40层或50层的高楼大厦。

摩天大楼诞生于 19 世纪 80 年代的美国芝加哥，高 54.9 米、共 10 层楼的芝加哥家庭保险大厦被公认为世界上第一座摩天大楼。这座楼由美国建筑师威廉·勒巴隆·詹尼设计，主要目的是为了缓解城区用地紧张，促进商业发展。

此后的一百多年间，世界各地的摩天大楼一次次挑战了人们对高度的承受力。从第一座高度超过金字塔的建筑——法国埃菲尔铁塔，到称霸了近半个世纪的高 448米的纽约帝国大厦，再到高509米的台北101大厦的出现，人类与天公比高的步伐永不停歇。

2010年，迪拜的哈利法塔以828米、162层的高度雄

踞世界第一高楼的宝座，这是人类历史上第一座超过600米的摩天大楼。

哈利法塔最初叫"迪拜塔"，完工之后才改名为"哈利法塔"。哈利法塔加上周边的配套项目，总投资超过70亿美元。该塔内有酒店、餐厅等公共服务设施场所，世界上首家阿玛尼酒店也入驻其中。哈利法塔的45至108层作为公寓出售；第124层则是一个观景台，站在上面可俯瞰整个迪拜市。

随着2001年9月11日纽约世界贸易中心双塔楼在恐怖袭击中轰然倒塌，人们不禁对摩天大楼的安全性产生了怀疑。的确，在摩天大楼居住和工作的人无论遇到地震还是火灾，都很难逃生。环保组织也指出，摩天大楼会导致一系列环境问题，影响人类及其他物种的生存。看来，我们追求摩天大楼的步伐应该缓一缓了！

"蜘蛛人"的壮举

2011年3月28日，素有"蜘蛛人"之称的法国人亚伦·罗伯特徒手攀爬了世界第一高楼——迪拜哈利法塔。当天，数千民众聚集在哈利法塔下，一起见证了亚伦用双手创造的奇迹。

亚伦是个攀爬痴，几乎世界上所有有名的摩天大楼，都被他摸过、爬过。

亚伦身手灵活，攀爬时只在腰间系一小袋吸汗用的攀岩粉。不过他也栽过跟头，他曾从15米高处坠下，多处骨折，昏迷了5天才死里逃生。

地下摩天大楼

随着社会的发展，城市的空间越来越拥挤。在墨西哥城，大大小小的办公楼、公寓住宅、超市商场占据了城市的大量土地，可用空间越来越小。

墨西哥城当地政府为防止历史建筑遭到破坏，特地制定了相关法律，将当地新建筑的高度限制为8层。

为了打破这个限制，来自BNKR建筑公司的建筑设计师别出心裁地为墨西哥城专门设计了一座地下综合大楼。

这座地下综合大楼呈倒金字塔状，深度达300米，足足有65层。这样向下发展的创意，真让人不得不赞叹设计师的匠心独具。

水下摩天大楼

马来西亚设计师提出过一个"水下摩天楼"设计方案：它漂浮于海洋中，如一只巨大的章鱼，大部分浸没于水下。

这幢摩天大楼的顶部是郁郁葱葱的迷你森林，中部是住宅和办公楼，底部是一根根延伸至海底的荧光触须。

各国媒体惊呼，或许这幢水中巨型建筑就是人们期待的"诺亚方舟"，能够帮助人类摆脱世界末日的诅咒。

说不定有一天，这样天马行空的设计真能成为现实呢！

37

信用卡：
诚信即财富

最早的信用卡出现于19世纪末。19世纪80年代，英国服装业发展出所谓的信用卡，旅游业与商业部门很快也开始跟随这股潮流。但当时的信用卡仅能进行短期的商业赊借行为，款项还要随用随付，不能长期拖欠，也没有授信额度。

据说20世纪50年代的一天，美国商人、曼哈顿信贷专家弗兰克·麦克纳马拉在纽约一家饭店招待客人用餐，就餐后发现他的钱包忘记带在身边，不得不打电话让妻子来结账。这件事令他深感难堪，于是他产生了创建信用卡公司的想法。1950年春，弗兰克与他的好友施奈德共同投资1万美元，在纽约创立了大来俱乐部，它就是大来信用卡公司的前身。大来俱乐部为会员们提供一种能够证明身份和支付能力的卡

片，会员凭卡片到指定的27间餐厅就可以记账消费，不必付现金，这就是最早的商业信用卡。1952年，美国加利福尼亚州的富兰克林国民银行作为金融机构首先发行了银行信用卡，成为第一家发行信用卡的银行。

20世纪60年代，信用卡在美国、加拿大和英国等欧美发达国家萌芽并迅速推广，经过50多年的发展，信用卡已在全球95%以上的国家得到广泛受理。20世纪80年代，信用卡作为电子化和现代化的消费金融支付工具开始进入中国，并在近10年的时间里，得到了跨越式的发展。

信用卡使用起来方便快捷，持卡人数量与日俱增。但由于其先消费后付款的机制，信用卡所面临的安全问题也日趋严重，不论是各大国际级信用卡集团与全球发卡金融机构，还是信用卡用户个人，都面临严峻的挑战。

球迷专属信用卡

总部位于慕尼黑的德国信贷银行,在巴伐利亚州推出了一种为球迷特别设置的信用卡储蓄账户。

这种信用卡除了基本利率外,还将根据拜仁慕尼黑球队在德国足球联赛中的表现,给予球迷额外的奖励利率。

例如,球队每积累到10个主场进球,储蓄账户的利率会提高0.1%,如果球队获得了联赛冠军,那么当月的储蓄利率在原有的基础上增加5%。

能透支买飞机的信用卡

花旗银行的至极黑卡和美国运通公司1999年推出的百夫长信用卡,被业内人士称为"卡中之王"。

据悉,百夫长信用卡只有极少数(1%)的顶级客户才能拥有。对于至极黑卡卡主,是没有"信用额度"这一说的。有人曾问花旗银行负责人:如果黑卡卡主想刷卡买架飞机行不行?答案是:没问题。

在顶级服务背后，不菲的年费同样引人关注。这些高端卡的年费从几千元至上万元不等。比如，招商银行黑金卡的年费为18000元，中国银行长城美国运通卡则是按具体额度收取年费的，例如透支额度为800万元，年费为8800元。

信用卡诈骗

信用卡一方面给持卡人带来了许多便利，另一方面也隐藏着巨大的风险。

2013年2月，美国成功破获一起跨国信用卡诈骗案，18名嫌犯涉嫌伪造7000多个假身份，申请数万张信用卡。他们购买豪车、黄金等奢侈品，总涉案金额超过2亿美元。

据报道，这是美国有史以来破获的涉案金额最高的信用卡诈骗案。

38

今天你看了吗？

微博：
微言大义，博览天下

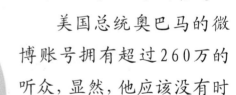

　　微博，微型博客的简称，即一句话博客，是一个基于用户关系实现信息分享、传播和获取的平台。你既可以作为观众，在微博上浏览你感兴趣的信息，也可以作为发布者，在微博上发布内容供别人浏览。发布的内容一般较短，不超过140字，微博由此得名。如今，微博也可以发布图片、分享视频等。微博最大的特点是：发布和传播信息快速。假如你有200万听众（粉丝），你发布的信息就会在瞬间传播给200万人。

　　微博服务是美国人威廉姆斯于2006年推出的，作为一个新兴的社交平台，因其短、频、快的特点，很快风靡全球，赢得了大家的喜爱。

　　美国总统奥巴马的微博账号拥有超过260万的听众，显然，他应该没有时

间自己动手更新，而是由他的团队代劳，为他做对外宣传。值得一提的是，2012年奥巴马得以连任美国总统，这里面也有微博的一份功劳。

2013年3月，委内瑞拉总统查韦斯因病逝世，他生前对微博情有独钟。平时喜欢对着镜头朝政敌"开炮"的他，将这种作风延续到了他的微博里。他的第一条微博是这样的："借微博反击政敌！"

在中国，2009年，新浪成为第一家提供微博服务的网站，腾讯、搜狐、网易紧跟其后。微博像雨后春笋般冒出，但伴随而来的，是一场残酷的微博大战。各大网站力邀名人、明星入驻，为网站集聚人气。

自各大门户网站微博上线以来，微博所表现出来的强大舆论监督和信息传播能力，已经有目共睹。微博，不只是社区或者娱乐平台，还是媒体平台！作为新媒体，其传播速度、影响力大有超越报纸、杂志，甚至电视的势头……

根据相关数据，截至2014年1月，微博在全球已经拥有6亿注册用户，真是势不可当！

谣言四起的微博

作为一个言论的集散中心，微博有时也会成为谣言的温室，而且一有风吹草动，便是狼烟四起。

例如，2010年，一条金庸先生去世的微博被疯转几十万次，威震武林和文坛的金庸先生就这样"被去世"了！

有些人为了博人眼球和赚取粉丝关注，不惜以造谣作为手段，为此，新浪官方不得不专门开设了辟谣账户，一些网友也自发组成了"辟谣联盟"，成为"辟谣达人"。

微信的扩张

2010年诞生的微信经过几年的疯狂扩张，截至目前，在用户的使用度上已经超越了曾一度引领国内社交风向的新浪微博。微信朋友圈、微信支付等以更加准确的用户定位，越来越深入人们的生活，与朋友分享心情、旅行、美食等，使得人们的生活更加丰富多彩。

但与之相对的是，一些网络谣言也随之兴起，且传播速度极快。因此，在网络资讯日益发达的今天，我们每个人都要学会正确分辨，为健康的网络环境出一份力。

新浪微博上市

北京时间2014年4月17日21时30分，新浪微博正式登陆纳斯达克，成为全球范围内首家上市的中文社交媒体。

截至2015年四季度，新浪微博月活跃用户已达2.36亿，日活跃用户达1.06亿。

到2014年底，微博上已有13万个中国政务微博认证账号。可以说，微博不仅在企业、明星、名人与普通网友的互动中扮演着重要的角色，在政府政务公开、倾听百姓意见方面同样发挥着重要作用。

图书在版编目（CIP）数据

看，那些可怕的发明 / 米家文化编绘. -- 杭州 ：
浙江教育出版社，2016.12 (2019.4重印)
（蒲公英科学新知系列）
ISBN 978-7-5536-5121-7

Ⅰ．①看… Ⅱ．①米… Ⅲ．①创造发明-世界-少儿
读物 Ⅳ．①N19-49

中国版本图书馆CIP数据核字 (2016) 第283812号

蒲公英科学新知系列
PUGONGYING KEXUE XINZHI XILIE

看，那些可怕的发明
KAN NAXIE KEPA DE FAMING

米家文化 编绘

出版发行 浙江教育出版社
（杭州市天目山路40号 邮编：310013）

策划编辑 张 帆　　**责任编辑** 舒志慧
美术编辑 曾国兴　　**责任校对** 陈云霞
责任印务 刘 建　　**设计制作** 大米原创
印刷 北京博海升彩色印刷有限公司
开本 710mm×1000mm 1/16　**印张** 10　**字数** 200 000
版次 2016年12月第1版　**印次** 2019年4月第2次印刷
标准书号 ISBN 978-7-5536-5121-7　**定价** 35.00元